用微课学
·计算机应用基础

主 编 倪 彤
副主编 吴 勋 邹 群 姚人杰
　　　 彭泽军 都昌胜 范建平

电子工业出版社
Publishing House of Electronics Industry
北京·BEIJING

内 容 简 介

本书是依据《中等职业学校计算机应用基础教学大纲》编写，旨在培养学生掌握计算机应用的基础能力。主要内容包括：个人计算机组装、文字录入训练、宣传手册的制作、统计报表的制作、演示文稿的制作、数码照片的处理、微视频的制作、小型办公室或家庭网络的组建和构建个人网络空间共 9 个项目。

"以项目为载体、任务引领、用微课学"是本书编写的基本特色，着眼于能力培养，提高课堂效率。大多数项目任务是以学习或应用一种常用软件为主，例如项目三宣传手册的制作是以 Word 2013 为主要应用软件；项目六数码照片的处理是以 ACDSee、美图秀秀为主要应用软件等。

本书主要适用于中等职业教育的学生使用，也可作为职业培训、非计算机专业人员参考。

未经许可，不得以任何方式复制或抄袭本书之部分或全部内容。
版权所有，侵权必究。

图书在版编目（CIP）数据

用微课学·计算机应用基础 / 倪彤主编. — 北京：电子工业出版社，2015.2

ISBN 978-7-121-25522-9

Ⅰ. ①用… Ⅱ. ①倪… Ⅲ. ①电子计算机－中等专业学校－教材 Ⅳ. ①TP3

中国版本图书馆 CIP 数据核字（2015）第 028672 号

策划编辑：杨　波
责任编辑：郝黎明
印　　刷：北京京师印务有限公司
装　　订：北京京师印务有限公司
出版发行：电子工业出版社
　　　　　北京市海淀区万寿路 173 信箱　邮编　100036
开　　本：787×1 092　1/16　印张：14　字数：358.4 千字
版　　次：2015 年 2 月第 1 版
印　　次：2016 年 8 月第 4 次印刷
定　　价：30.00 元

凡所购买电子工业出版社图书有缺损问题，请向购买书店调换。若书店售缺，请与本社发行部联系，联系及邮购电话：（010）88254888，88258888。
质量投诉请发邮件至 zlts@phei.com.cn，盗版侵权举报请发邮件至 dbqq@phei.com.cn。
本书咨询联系方式：（010）88254617，luomn@phei.com.cn。

Preface 前言

本书的编写符合教育部有关中等职业学校专业教学标准的基本要求，旨在培养学生具有熟练的信息技术运用职业素养、专业知识和技能，重在教学方法、教学组织形式的改革，教学手段、教学模式的创新，调动学生的学习积极性，为学生综合素质的提高、职业能力的形成和可持续发展奠定基础。

以计算机的实际工作任务为线索，经分析、归纳、提炼，精心设计了一组涉及面广、实用性强的工作任务，按照学生的认知规律将计算机应用知识融入典型的工作任务中，通过任务导入—任务实施—任务拓展三个环节，力求达到"以就业为导向、以能力为本位、提高操作技能"的教学目标。在编写中力图体现以下特色：

1．教材中所列的知识点和技能点均已做成了"微课"，学生在使用时可直接扫描二维码进行学习，从而颠覆传统的课堂教学模式、提高课堂教学的效率。

2．关注学生学习的兴趣爱好，在内容编排上构造贴近工作实践的学习情境，教学内容都是与工作有直接关联的"热点"问题。

3．采用最新版本的应用软件，与实际使用无缝对接，如 Microsoft Office 2013，此外，对当今最时兴的微课制作软件 Camtasia Studio 等也做了较详细的介绍。

4．在呈现方式上尽可能减少文字叙述，采用屏幕截图，以增强其现场感和真实感。通过"任务拓展"方式，对所学的内容做进一步的延伸。各项目教学学时安排建议：

序号	课程内容	教学时数	
		讲授与上机	说明
1	个人计算机组装	8	
2	文字录入训练	8	
3	宣传手册的制作	10	
4	统计报表的制作	10	建议在多媒体教室或机房组织教学，学用结合、讲练结合
5	演示文稿的制作	10	
6	数码照片的处理	8	
7	微视频的制作	6	
8	小型办公室或家庭网络的组建	6	
9	构建个人网络空间	6	
	合计	72	

本书由安徽省汽车工业学校五级高讲倪彤担任主编及全书最终统稿,安徽机械工业学校邹群老师、安徽电子工程学校吴勋老师、安徽省行知学校姚人杰老师、安徽金寨职业学校彭泽军老师、桐城市职教中心都昌胜老师、宣城市工业学校范建平老师等参加了书中相关内容的研讨及编写。

编　者

2015 年 1 月

Contents 目录

001　项目一　个人计算机组装

- 任务一　硬件系统（一） ……………………………………………………………… 1
- 任务二　硬件系统（二） ……………………………………………………………… 4
- 任务三　安装 Windows 7 操作系统 …………………………………………………… 7
- 任务四　安装 Office 办公软件 ………………………………………………………… 11
- 任务五　认识资源管理器 ……………………………………………………………… 13
- 任务六　利用资源管理器管理文件及文件夹 ………………………………………… 16
- 任务七　安装使用维护软件 …………………………………………………………… 18
- 任务八　系统备份与恢复 ……………………………………………………………… 21

024　项目二　文字录入训练

- 任务一　熟悉键盘 ……………………………………………………………………… 24
- 任务二　制作公务文书 ………………………………………………………………… 27
- 任务三　制作商务合同 ………………………………………………………………… 31
- 任务四　创建目录，增加脚注和尾注 ………………………………………………… 34

037　项目三　宣传手册的制作

- 任务一　宣传手册的版面规划（一） ………………………………………………… 37
- 任务二　宣传手册的版面规划（二） ………………………………………………… 40
- 任务三　素材的获取及处理 …………………………………………………………… 43
- 任务四　封面及相关内容制作 ………………………………………………………… 46
- 任务五　内页及相关内容制作 ………………………………………………………… 49
- 任务六　【知识拓展】模板 …………………………………………………………… 52

项目四 统计报表的制作 — 055

任务一	简单的工资表制作	55
任务二	工资表的格式设置	58
任务三	工资表排序	61
任务四	工资表分类汇总	63
任务五	工资表筛选	66
任务六	工资表的图形化表示	69
任务七	销售统计表制作	73
任务八	自定义序列和条件格式	76

项目五 演示文稿的制作 — 080

任务一	用模板制作演示文稿	80
任务二	演示文稿导出	84
任务三	演示文稿的基本操作（一）	87
任务四	演示文稿的基本操作（二）	91
任务五	演示文稿的基本操作（三）	95
任务六	演示文稿的基本操作（四）	98
任务七	动感影集的制作	101
任务八	教学课件的制作（一）	105
任务九	教学课件的制作（二）	109
任务十	教学课件的制作（三）	113

项目六 数码照片的处理 — 117

任务一	基本处理（一）	117
任务二	基本处理（二）	121
任务三	基本处理（三）	125
任务四	色彩处理	128
任务五	效果处理	131
任务六	抠图	136
任务七	边框设置	140

任务八　场景设置 …………………………………………………… 142
　　任务九　Photoshop 简介 ……………………………………………… 145

149　项目七　微视频的制作

　　任务一　微视频设计 …………………………………………………… 149
　　任务二　制作微视频软件 ……………………………………………… 152
　　任务三　录制 PPT ……………………………………………………… 155
　　任务四　录制屏幕 ……………………………………………………… 159
　　任务五　轨道编辑（一）……………………………………………… 162
　　任务六　轨道编辑（二）……………………………………………… 166
　　任务七　轨道编辑（三）……………………………………………… 169
　　任务八　轨道编辑（四）……………………………………………… 172
　　任务九　添加片头、片尾及字幕 ……………………………………… 174
　　任务十　生成并共享 …………………………………………………… 177

181　项目八　小型办公室或家庭网络的组建

　　任务一　Windows 7 网络连接 ………………………………………… 181
　　任务二　网络连接配置 ………………………………………………… 184
　　任务三　查看和设置 IP 地址 ………………………………………… 186
　　任务四　共享文件和打印机 …………………………………………… 189
　　任务五　设置 WiFi 热点 ……………………………………………… 192
　　任务六　家用无线路由器的配置 ……………………………………… 195

198　项目九　构建个人网络空间

　　任务一　安装 QQ 及申请 QQ 号 ……………………………………… 198
　　任务二　QQ 基本使用 ………………………………………………… 201
　　任务三　构建网络空间 ………………………………………………… 203
　　任务四　管理与维护网络空间（一）………………………………… 207
　　任务五　管理与维护网络空间（二）………………………………… 209
　　任务六　管理与维护网络空间（三）………………………………… 211
　　任务七　QQ 的新功能 ………………………………………………… 214

项目一　个人计算机组装

任务一　硬件系统（一）

观看本任务微课视频
扫一扫二维码

▎计算机应用基础

一、任务导入

信息时代离不开计算机的使用，使用计算机时要了解计算机的相关硬件组成，这样在使用时出现问题才能知道如何去解决。

二、任务实施

步骤	说明或截图
① 认识计算机三大组成部分，即主机、显示器和键盘与鼠标。 主机：内含处理器、存储等主要部件。 显示器：显示计算机主机处理的结果。 键盘和鼠标：计算机输入设备和定位。	 显示器、主机、键盘和鼠标
② 主机内部硬件组成——主板。 主机内部最大的线路板，也称母板、系统板，其他功能部件均安插在主板上。 主板上的各种接口，分别用来连接键盘、鼠标、音箱、话筒及 USB 设备等。	
③ 主机内部硬件组成——CPU 及其散热风扇。 CPU 是计算机内部运算及控制中心，工作时产生的热量需要及时散去，因此在 CPU 上方安装有不同功率的散热风扇。	
④ 主机内部硬件组成——内存条。 内存条的作用：用来存放计算机正在处理的程序和数据。 特点：一旦断电，内存中的信息将全部丢失。	

步　　骤	说明或截图
5　主机内部硬件组成——显卡。 　　显示接口卡，简称显卡，其作用是将CPU处理的数据进行转换，从而通过显示器来显示。 　　显卡根据结构不同分为核心显卡、集成显卡和独立显卡三种类型。	
6　主机内部硬件组成——硬盘。 　　保存计算机处理的数据结果，即使断电信息也可以长期保存。	
7　主机内部硬件组成——光驱。 　　用于读写光盘信息，其中写光盘需要是读写光驱，且光盘为可写光盘。	

三、任务拓展

熟悉以上硬件的基础上，进一步了解其他的功能接口，如网络接口、声音接口等，如图1-1所示。

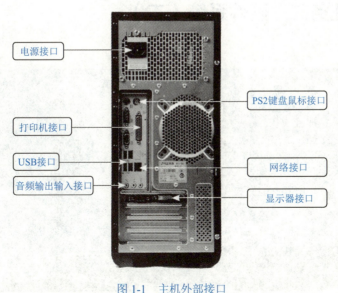

图1-1　主机外部接口

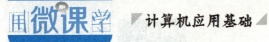

学习任务单

一、学习方法建议
观看微课→预操作练习→听课（老师讲解、示范、拓展）→再操作练习→完成学习任务单
二、学习任务
对照图形或实物： 1. 认识计算机三大件　☐ 2. 认识主板　☐ 3. 认识 CPU 和散热风扇　☐ 4. 认识内存条　☐ 5. 认识显卡　☐ 6. 认识硬盘　☐ 7. 认识光驱　☐
三、困惑与建议

任务二　硬件系统（二）

项目一　个人计算机组装

一、任务导入

在认识计算机硬件组成的基础上，对照实物，来了解如何组装计算机硬件。

二、任务实施

说明：不同的硬件，图形显示可能不同，但安装顺序及要求相同。

步　骤	说明或截图
1 **在主板上安装 CPU。** 　　掀开 CPU 控制框→将 CPU 小心插入到槽中（注意 CPU 的方位）→按下 CPU 控制柄。	 
2 **安装 CPU 散热风扇。** 　　将散热风扇固定在 CPU 正上方，按下控制杆（有的是紧四周螺丝）。	
3 **安装内存条。** 　　将主板上内存插槽两端的控制柄掀开，将内存条插入内存槽中，注意不要插反。 　　之后，使用螺丝将主板固定在机箱内部。	

步骤	说明或截图
4　安装显卡（独立显卡）。 　　将显卡插入主板相应插槽中，并使用螺丝将前端固定。	
5　安装硬盘及光驱。 　　将硬盘插入机箱的空槽处，并上紧螺丝。	
6　连接电源、连接数据线。 　　将主机电源插头插入主板电源接口，将硬盘及光驱的数据线连接至主板，并将电源连接至硬盘及光驱。	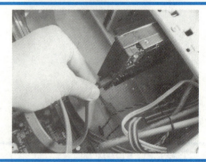

三、任务拓展

尝试将键盘、鼠标、显示器等外部设备连接到主机上，主机外部设备接口如图1-2所示。

图1-2　主机外部设备接口

项目一　个人计算机组装

学习任务单

一、学习指南
观看微课→预安装练习→听课（老师讲解、示范、拓展）→再操作练习→完成学习任务单
二、学习任务
1. 安装CPU　　　　　　　　　　☐ 2. 安装内存条　　　　　　　　　☐ 3. 将主板固定在机箱内　　　　　☐ 4. 安装显卡　　　　　　　　　　☐ 5. 安装硬盘及光驱　　　　　　　☐ 6. 连接数据及电源线路　　　　　☐
三、困惑与建议

任务三　安装 Windows 7 操作系统

观看本任务微课视频
扫一扫二维码

一、任务导入

计算机系统包括硬件和软件两大部分，硬件是基础，软件是灵魂，二者缺一不可。

硬件安装完成之后，必须要安装相应的软件，其中首先要安装操作系统软件。操作系统软件有多种，这里以联想计算机为例，学习如何安装 Windows 7 操作系统。

二、任务实施

步　　骤	说明或截图
① **放入安装光盘**（也可使用 U 盘）。 打开计算机电源，快速将安装光盘放入光驱中（这里安装程序在光盘中）。	
② **选择启动盘**（这里以联想计算机为例说明，不同计算机启动时选择方式可能不同）。 当屏幕上出现"LENOVO"的界面时，按下键盘上的 F12 功能键，更改启动的设备顺序，将存放有操作系统安装程序的驱动器作为第一启动设备。	 选择从光盘启动，即 DVD 光驱
③ **确认光盘启动**。 选择光驱启动后，大约几秒便出现"Press any key to boot from CD…"的字符，此时迅速按下键盘上的任意键（一般按 Enter 键即可）。	 按任意键从光驱启动
④ **Windows 7 安装界面**。 自动进入 Windows 7 安装界面，单击"下一步"按钮即可。	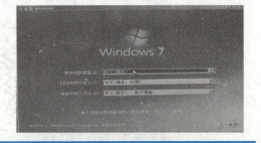
⑤ **确认安装协议**。 必须要确认安装协议，否则安装无法进行。	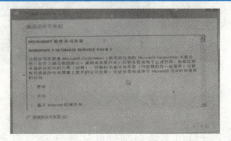

项目一　个人计算机组装

步　　骤	说明或截图
6　选择安装分区项。 　　选择一个用来存放系统文件的分区（这里可根据需要来选择相应的分区，也可在此界面中对硬盘进行分区重分配）。	
7　输入用户名和计算机名。 　　可以自定义用户名和计算机名，也可以用计算机默认值，然后还需要输入开机密码。	
8　输入产品密钥。 　　产品密钥是软件产品身份的识别，可以在光盘封套内来寻找。	
9　设置时间和日期。 　　设置好时间和日期后单击"下一步"按钮即可。	
10　启动成功界面。 　　如果前面设置了开机密码，则此时会提示输入开机密码。	

三、任务拓展

更改用户密码："开始"→"控制面板"→"用户账户",如图1-3所示。

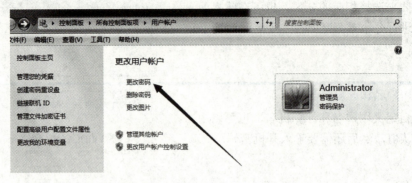

图1-3 更改用户密码

 学习任务单

一、学习指南
观看微课→预操作练习→听课（老师讲解、示范、拓展）→再操作练习→完成学习任务单
二、学习任务
1. 设置从光驱启动　　　　　　　　　　□ 2. 从光驱启动计算机　　　　　　　　　□ 3. 确认安装 Windows 7 操作系统　　　□ 4. 安装的分区管理　　　　　　　　　　□ 5. 设置开机用户名和计算机名　　　　　□ 6. 设置开机密码　　　　　　　　　　　□ 7. 输入产品密钥　　　　　　　　　　　□ 8. 安装成功界面　　　　　　　　　　　□
三、困惑与建议

项目一　个人计算机组装

任务四　安装 Office 办公软件

一、任务导入

计算机操作系统安装完成后，根据用途不同需要不同的应用软件，本任务来学习如何安装 Office 办公软件。

二、任务实施

步　骤	说明或截图
1　启动 Windows 7 操作系统。	
2　双击安装程序 setup.exe（如果是光盘，放入计算机后会自动进入安装环节）。	

011

步　骤	说明或截图
3 输入产品密钥。产品密钥也就是产品序列号,一般保存在光盘的封套内,随软件产品一起发售。	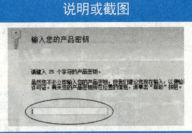
4 选择安装类型。选择"立即安装"则计算机会自动进行安装,选择"自定义"则可根据用户需要进行安装选项及位置的更改,这里以"自定义"为例。	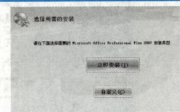
5 通过此处可更改安装的选项及安装位置。	
6 安装完成,单击"关闭"按钮。	

三、任务拓展

为办公软件创建桌面快捷方式,选择相应的选项,单击鼠标右键,在弹出的快捷菜单中选择"发送"→"桌面快捷方式"选项,如图1-4所示。

图1-4　创建桌面快捷启动方式

项目一　个人计算机组装

 学习任务单

一、学习指南
观看微课→预操作练习→听课（老师讲解、示范、拓展）→再操作练习→完成学习任务单
二、学习任务
1. 启动操作系统　　□ 2. 运行安装程序　　□ 3. 输入产品密钥　　□ 4. 更改安装位置　　□ 5. 创建桌面快捷方式　□
三、困惑与建议

 ## 任务五　认识资源管理器

一、任务导入

计算机系统是由软件和硬件组成的完整系统，二者缺一不可；在计算机硬盘上保存有大量的数据，如何对计算机软件和硬件进行有效的管理？我们可以借助于系统中的资源管理器。

二、任务实施

步 骤	说明或截图
① 打开"资源管理器"窗口。 方法一："开始"→"所有程序"→"附件"→"Windows 资源管理器"。 方法二：同时按下键盘中的徽标键及字母 E 键。	
② "资源管理器"窗口的组成。 "资源管理器"窗口由两部分组成，其中左侧称为文件夹部分，右侧显示的则是左侧打开的具体资源内容。 通过"资源管理器"窗口，可以直观看出硬盘空间的分区情况及各分区的使用情况。	
③ 文件及文件夹图标。 文件夹图标为黄色，形象的文件夹形状；而文件则根据其类型不同，其图标种类不同。	 文件夹图标及名称 文件图标及文件名
④ 文件及文件夹命名规划。 文件名不能超过 255 个英文字符，就是不能超过 127 个汉字。键盘输入的英文字母、符号、空格等都可以作为文件名	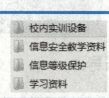

步　骤	说明或截图
的字符来使用,但是特殊字符由系统保留不能使用,如/\?*"＜＞| 　　不论是文件还是文件夹的命名,要方便后期的查找和使用。	
5 认识文件的扩展名。 　　不同类型的文件,其扩展名不相同,如 Word 软件形成的文档,扩展名为.doc；Windows 画图软件形成的文件,扩展名为.bmp,等等。我们根据文件的扩展名来判断是哪一类型的文件。	📄 计算机文化基础.doc 📄 计算机文化基础.ppt 这里主文件名相同,但文件扩展名不同,是两个不同的文件,其中.doc 由微软文字处理软件 Word 形成,而.ppt 由微软演示文稿制作软件形成。

三、任务拓展

通过"资源管理器"窗口,查看硬盘的分区情况；在硬盘的不同分区,根据需要新建不同的文件夹,并命名。

 学习任务单

一、学习指南
观看微课→预操作练习→听课（老师讲解、示范、拓展）→再操作练习→完成学习任务单
二、学习任务
1. 打开"资源管理器"窗口　　　　　　　　　　　　☐ 2. 认识"资源管理器"窗口的组成　　　　　　　　☐ 3. 认识"资源管理器"窗口中的文件夹及文件　　　☐ 4. 掌握文件及文件夹的命名规则　　　　　　　　☐ 5. 认识文件的扩展名　　　　　　　　　　　　　☐
三、困惑与建议

计算机应用基础

任务六　利用资源管理器管理文件及文件夹

一、任务导入

使用"资源管理器"窗口不仅可以查看文件及文件夹资源，还可以借助于"资源管理器"窗口，轻松实现对文件及文件夹的管理工作。

二、任务实施

步　　骤	说明或截图
1 利用"资源管理器"窗口新建文件夹。 在硬盘的 D 分区新建一文件夹，名称为"资源"。 方法一： （1）打开"资源管理器"窗口； （2）单击 D 分区； （3）选择"文件"→"新建"→"文件夹"命令； （4）命名为"资源"。 方法二：直接在右侧的窗口空白区域，单击鼠标右键，在弹出的快捷菜单中选择"新建"→"文件夹"命令，给新建的文件夹命名即可。	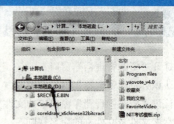 选择 D 磁盘分区  "文件"→"新建"→"文件夹"

016

步 骤	说明或截图
	 为新建的文件夹命名
② 复制文件。 将C盘中的文件复制到步骤1中新建的文件夹中： （1）打开C盘； （2）找到需要复制的文件，并右击； （3）在弹出的快捷菜单中选择"复制"选项； （4）打开目标文件夹，这里为步骤1中新建的"资源"文件夹； （5）在窗口的空白区域单击鼠标右键，在弹出的快捷菜单中选择"粘贴"选项，则文件复制成功。	 快捷菜单
③ 文件重命名等操作 （1）选择要修改的文件； （2）单击鼠标右键，在弹出的快捷菜单中选择"重命名"选项； （3）在文件名框中输入新的文件名； （4）确认完成改名操作。	 在文本框中输入新的文件名
④ 修改文件属性。 （1）选择要修改属性的文件； （2）单击鼠标右键，在弹出的快捷菜单中选择"属性"选项； （3）根据需要在属性项目中进行相应的修改； （4）确认完成。	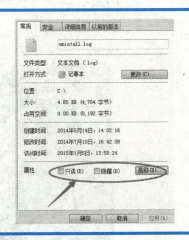

三、任务拓展

利用"资源管理器"窗口，既可以对文件操作，也可以对文件夹操作，二者操作方法类似。在已经新建的文件夹中再新建一文件夹，并将此文件夹重新命名。

 学习任务单

一、学习指南
观看微课→预操作练习→听课（老师讲解、示范、拓展）→再操作练习→完成学习任务单
二、学习任务
1. 打开"资源管理器"窗口　　□ 2. 新建文件夹　　□ 3. 利用"资源管理器"窗口复制文件　　□ 4. 利用"资源管理器"窗口管理文件及文件夹　　□
三、困惑与建议

 任务七　安装使用维护软件

一、任务导入

在使用计算机的过程中，可能会遇到许多问题，如硬盘空间需要清理、计算机中毒需要查杀等。我们可以借助于工具软件来对计算机进行常规的维护工作，本任务中以"金山毒霸"软件为例进行说明。

二、任务实施

步骤	说明或截图
1　上网搜索"金山毒霸"软件，单击"下载"按钮。	
2　单击"保存"下拉按钮，选择"另存为"，选择一个文件夹，用于保存下载的金山毒霸软件。	
3　双击下载的安装文件。	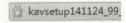
4　在弹出的对话框中单击"运行"按钮。	
5　利用百度软件中心助手，自动进行安装。	
6　单击"立即安装"按钮。	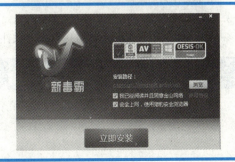

步　　骤	说明或截图
7　使用"金山毒霸"软件。 　　软件安装完成后，可立即启动运行。	
8　根据需要进行相应的操作，如垃圾清理、 　　软件管理等。	

三、任务拓展

使用金山毒霸软件对计算机进行清理，检测是否有病毒程序，并对计算机中存在的垃圾文件进行清理。

 学习任务单

一、学习指南
观看微课→预操作练习→听课（老师讲解、示范、拓展）→再操作练习→完成学习任务单
二、学习任务
1. 下载金山毒霸软件　　　　　　　　　　　□ 2. 安装金山毒霸软件　　　　　　　　　　　□ 3. 使用金山毒霸软件对计算机进行检测　　　□ 4. 使用金山毒霸软件清理计算机中的垃圾文件　□
三、困惑与建议

项目一 个人计算机组装

任务八 系统备份与恢复

一、任务导入

计算机所有程序安装完成之后,为避免以后的使用中,当计算机出现异常情况或者数据被破坏的情况下去重新安装计算机系统及应用软件,可以在计算机正常使用时,对数据进行备份,这样如果以后计算机数据被破坏,只要将数据进行恢复即可。

二、任务实施

步 骤	说明或截图
① 下载备份与恢复软件(GHOST)。 (1) 通过百度查找 GHOST 软件; (2) 选择保存的位置。	

步　骤	说明或截图
❷ **安装 GHOST 软件**。 　　双击安装文件，根据屏幕提示，完成整个软件的安装。 　　这里软件安装采取默认的选项即可。	 GHOST 安装源文件  GHOST 安装成功后的项目
❸ **使用 GHOST 对数据进行备份**。 　　选择"开始"→"所有程序"→"一键 GHOST"命令； 　　第一次使用时，首先要对系统数据进行备份操作，直接单击"备份"按钮即可，整个过程自动完成。 　　在进行系统备份的过程中，系统需要重新启动。	 进行备份操作选项  备份过程的进度
❹ **使用 GHOST 对数据进行恢复**。 　　在利用 GHOST 进行系统数据恢复（即数据还原），可以使用步骤 3 的方法，在出现的界面中选择"一键恢复系统"，来对数据进行恢复操作； 　　也可在计算机重新启动的时候，直接通过菜单来完成。	 选项菜单

三、任务拓展

利用 GHOST 软件可以快速实现对系统数据的备份与恢复,在使用的过程中,可以指定备份文件的位置,也可以通过人工方式来对系统数据进行恢复。

首先,将计算机中的数据进行备份,再对计算机中的部分数据进行修改,利用一键 GHOST 程序,对系统数据进行恢复,查看文件的变化情况。

学习任务单

一、学习指南
观看微课→预操作练习→听课(老师讲解、示范、拓展)→再操作练习→完成学习任务单
二、学习任务
1. 下载备份与恢复软件(GHOST.exe) ☐ 2. 安装备份与恢复软件 ☐ 3. 使用软件对数据进行备份 ☐ 4. 使用软件将数据恢复到计算机中 ☐
三、困惑与建议

项目二　文字录入训练

 任务一　熟悉键盘

项目二　文字录入训练

一、任务导入

键盘是计算机重要的输入设备，通过键盘可以快速将相关数据录入计算机，本任务的主要目的是熟悉键盘及其基本操作。

不同的键盘可能形状不同，但基本功能相同。

二、任务实施

步　　骤	说明或截图
❶ 认识键盘的区域分布。 　　包括主键盘区域（打字键区）、编辑键区、小键盘区、功能键区。	
❷ 常见按键使用。 　　制表符（Tab）：用于制表定位。 　　大写字母锁定键（Caps Lock）：默认情况开机使用时是小写字母，按下此键后，转换为大写字母输入；再次按下此键后，则输入转换为小写。此键也称为大、小写字母转换键。 　　上档字符键（Shift）：左右各一个，用于输入上档字符，如@、（）等；当键盘处于小写字母时，按下此键，字母则输入为大写。 　　回车换行键（Enter）：用于转换到下一行，继续输入。 　　退格键（Backspace）：用于删除光标前面的一个字符。 　　空格键：用于输入一个空格。 　　终止键（Esc）：终止程序的执行。 　　控制键（Ctrl、Alt）、功能键（F1～F12）：配合不同的软件使用。	

步骤	说明或截图
③ 基准键位（A、S、D、F、J、K、L）。 　　分别由左手小指、无名指、中指、食指及右手食指、中指、无名指和小指各四个手指去控制	
④ 其他键位指法：主键盘区域由双手共同去操作不同的按键，需要通过练习来体验。	

三、任务拓展

从网上下载金山打字通软件，并安装该软件来训练键盘的基本使用，如图2-1所示。

图2-1　金山打字通软件界面

项目二　文字录入训练

 学习任务单

一、学习方法建议
观看微课→预操作练习→听课（老师讲解、示范、拓展）→再操作练习→完成学习任务单
二、学习任务
1. 认识键盘各区域名称　　□ 2. 掌握常见按键使用方法　□ 3. 掌握基准键位的使用　　□ 4. 熟悉其他相关按键的指法　□
三、困惑与建议

 任务二　制作公务文书

一、任务导入

计算机应用领域越来越广，其中利用计算机来处理公务文书，方便、快捷。本任务中将来学习如何利用 Office 2007 中的 Word 来处理公务文书。

二、任务实施

步　　骤	说明或截图
❶ **启动 Office 2007 中的 Word 2007 选项**。 　　方法一：双击桌面快捷启动图标。 　　方法二：执行"开始"→"所有程序"→"Microsoft Office"→"Word 2007"命令。	 Word 2007 窗口
❷ **录入正文内容**。 　　（1）选择一种输入法，将图中正文内容输入计算机。 　　通过 Ctrl+Space 组合键可以实现中、英文输入法的快速切换；通过 Ctrl+Shift 组合键可以快速实现各种不同的输入法之间的切换；通过 Insert 键可以实现"插入"和"改写"状态的切换。 　　（2）将图中正文内容直接录入。 　　在录入的过程中，如果需要分段可以直接按 Enter 键，不需要进行其他的调整。	正文内容

步　骤	说明或截图

❸ **标题格式设置**。

　　录入完成后，按照文件要求，分别进行字体、字型及字号的设置。

　　选中标题文字"会议通知"，选择字体"宋体"、"字型"为"加粗"、"字号"为"二号"；单击"段落"→"对齐方式"为"居中"。

字体工具栏

段落工具栏

❹ **正文格式设置**。

（1）选择正文内容；

（2）展开段落设置对话框；

　　单击"段落"→"特殊格式"，选择"首行缩进"为"2个字符"，此时所有段落文字退后两格。

（3）选择正文内容，将文字字号更改为四号；分别选中"一、会议对象"和"二、会议内容"两个标题，更改字体为黑体。

（4）将落款部分靠右对齐。

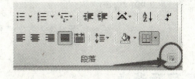

段落设置展开按钮

❺ **保存文件**。

　　单击"文件"→"保存"或者"另存为"，在出现的对话框中将文件保存在指定的文件夹中。

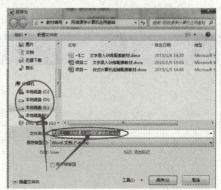

选择文件夹及命名文件名

三、任务拓展

一般来说，高版本软件可以打开低版本软件形成的文档，这里使用的是 Word 2007，试着将文件保存为 Word 2003 版本可以打开的文件格式，如图 2-2 所示。

保存文件的时候，展开"保存类型"，选择正确的格式即可。

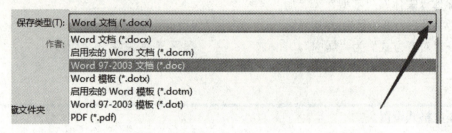

图 2-2　将文件保存为其他格式类型

 学习任务单

一、学习指南
观看微课→预安装练习→听课（老师讲解、示范、拓展）→再操作练习→完成学习任务单
二、学习任务
1．启动 Word 2007 软件　　　　　　　□ 2．选择输入法，录入正文内容　　　　□ 3．标题格式设置　　　　　　　　　　□ 4．正文格式设置　　　　　　　　　　□ 5．保存文件　　　　　　　　　　　　□ 6．文件类型选择　　　　　　　　　　□
三、困惑与建议

项目二　文字录入训练

任务三　制作商务合同

观看本任务微课视频
扫一扫二维码

一、任务导入

使用文字处理软件 Word 2007 可以制作各种文书资料，本任务将来学习如何制作商务合同。

二、任务实施

步　　骤	说明或截图
❶ 启动文字处理软件 Word 2007，选择一种输入法，将商务合同的全部内容录入计算机中（商务合同的具体内容见右图）。 　　说明：录入正文时，先将所有文字录入完毕后，统一进行格式设置。	第1页共2页 **购买电脑合同** 卖方：九州科技开发有限责任公司（简称甲方） 买方：安徽工业学校（简称乙方） 　一、购买产品规格、数量及要求 联想 L30000G430A，数量：100 台，要求：质量合格，若出现不合格或假冒伪劣产品将由甲方提供双倍赔偿。 　二、价格 本合同约定的价格包括电脑及相关全部配件，每台 4680 元。 　三、费用支付方式： 签约后支付总价 30%预付款，收到校方预付款后甲方应在七个工作日内完成产品的交付，乙方安装调试并经甲方验收合格后再付 60%，其余 10%款为质保金，在一年后付清。 　四、权利义务 　● 自甲方将电脑交付乙方之日起，甲方保障对其公司产品按照联想产品相关保修规定严格执行。 　● 乙方在使用过程中，因产品质量问题，一个月内无条件退货或退换新货。 　● 质保期限内，本合同约定的电脑相同故障经三次以上维修仍不能正常工作的，乙方承诺予以同样品牌新电脑调换或者退还全部货款给甲方。 　五、其他约定 其他未尽事宜，由双方协商解决。本合同一式两份，双方各执一

031

步　　骤	说明或截图
	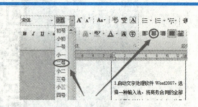
② 格式设置。 （1）标题设置：宋体、二号，居中。 （2）选择正文所有内容，设置为宋体、四号。	
③ 首行缩进设置。 　　选择正文所有内容（除买方、卖方两行），单击"段落"控制按钮，设置段落首行缩进"2字符"。	
④ 使用格式刷。 　　（1）选择正文中的第一个标题，单击"加粗"按钮。 　　（2）双击右图中的格式刷，分别去刷正文中的每一处标题，从而快速将第一个标题的格式运用到所选择的每一处标题。 　　（3）使用完毕，再次单击"格式刷"按钮以取消格式刷的选择。	
⑤ 使用项目符号。 　　选择第四个部分权利义务中的所有内容，然后使用工具栏中的"项目符号"，选择一种符号，则正文中将增加项目符号列表。	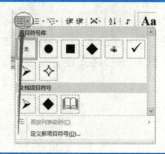

步　骤	说明或截图
6 使用页眉和页脚。 （1）单击"插入"→"页眉"； （2）展开"页眉"→"编辑页眉"； （3）输入页眉内容； （4）使用同样的方法可以输入页脚内容。	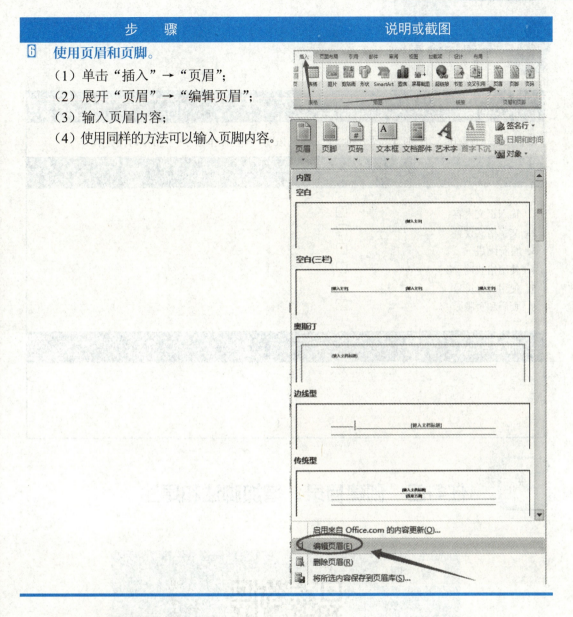

三、任务拓展

给正文添加"页脚"，并删除"页眉"，如图 2-3 所示。

图 2-3　页眉与页脚编辑

 计算机应用基础

 学习任务单

一、学习指南
观看微课→预操作练习→听课（老师讲解、示范、拓展）→再操作练习→完成学习任务单
二、学习任务
1. 输入正文内容　☐ 2. 文字格式设置　☐ 3. 首行缩进　☐ 4. 使用格式刷　☐ 5. 使用项目符号　☐ 6. 页眉和页脚　☐
三、困惑与建议

 任务四　创建目录，增加脚注和尾注

一、任务导入

我们在查阅任何一份书籍内容时,一般先要看看其目录,了解其主要的内容要点。另外,当我们在阅读文章的时候,特别是一些学术性的论文,要求有固定的结构,需要增加一些注释性的文字,即脚注和尾注(如图 2-4 所示),其中脚注添加在每页的下方,而尾注自动添加在整个文章的结尾处。

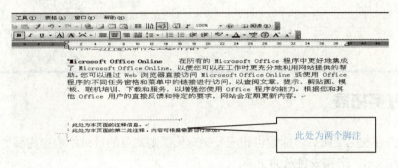

图 2-4　增加脚注效果

二、任务实施

步　　骤	说明或截图
1 添加脚注。 （1）在页面中选择需要为之添加说明（即脚注）的字符； （2）单击"引用"→"插入脚注",则自动进入脚注编辑区,输入脚注内容即可； （3）正文区域增加相应的序号,以对应脚注的内容。	
2 添加尾注。 方法同步骤 1,尾注都是放在文章结尾处,可以添加多个尾注内容,同样在正文相应区域自动形成序号,以对应尾注的内容。	
3 插入目录。 （1）选择正文中标题内容,单击"样式",展开样式设置； （2）为选中的标题设置一种标题类型； （3）使用同样的方法为正文中的所有标	

步　　骤	说明或截图
题设置类型；或者使用"格式刷"来设置所有标题； （4）定位需要放置目录的位置，单击"引用"→"目录"； （5）根据需要选择一种目录的类型，则文章自动形成目录。	 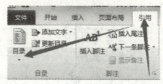

三、任务拓展

当正文内容发生变化后，标题也相应发生变化，则文章的目录结构也需要更新，通过如图 2-5 所示的提示，来完成目录的更新。

图 2-5　更新目录

 学习任务单

一、学习指南
观看微课→预操作练习→听课（老师讲解、示范、拓展）→再操作练习→完成学习任务单
二、学习任务
1. 插入脚注　　☐ 2. 插入尾注　　☐ 3. 插入目录　　☐ 4. 更新目录　　☐
三、困惑与建议

项目三　宣传手册的制作

任务一　宣传手册的版面规划（一）

微课

观看本任务微课视频
扫一扫二维码

一、任务导入

宣传手册的种类很多，如旅行社、商场、宾馆折页、招生简章、电话号码簿、效率手册、接待指南等，如图 3-1 所示。

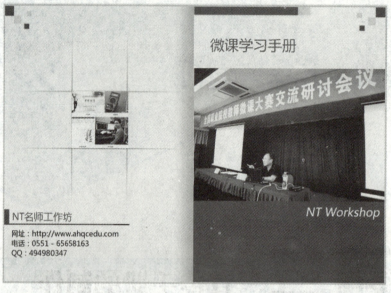

外页（4-1）

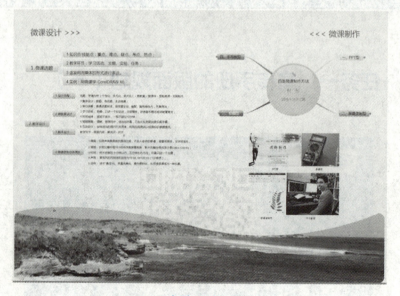

内页（2-3）

图 3-1　微课学习手册

按照 Word 的排版方式，可将其版面构成的元素划分为艺术字、文本框、表格、图表、图片、形状等。

二、任务实施

步　　骤	说明或截图
1 分析微课学习手册版面构成。	第 4、1 页为外页，第 2、3 页为内页： 第 4 页（封底）：其上构成元素有矩形、文本框、图片； 第 1 页（封面）：其上构成元素有矩形、文本框、图片； 第 2 页：其上构成元素有矩形、文本框、SmartArt 图形； 第 3 页：其上构成元素有文本框、图片、SmartArt 图形。
2 启动 Word，单击"文件"→"新建"→"空白文档"菜单项，创建一个新文档。	
3 单击"页面布局"→"纸张方向"→"横向"按钮，完成第 4 页和第 1 页的版面布局。	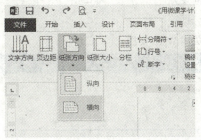
4 单击"插入"→"空白页"按钮，得到第 2 页和第 3 页的版面布局。	
5 单击"保存"按钮，选定在"计算机"上存储的位置，将文档用指定的名称加以保存。	

三、任务拓展

分析三折页手册、简章和指南等文档的版面布局,以三折页为例,其版面布局为 5-6-1、2-3-4,如图 3-2 所示。

| 5 | 6 | 1 | | 2 | 3 | 4 |

图 3-2 版面布局

  学习任务单

一、学习指南
预操作练习→听课(老师讲解、示范、拓展)→再操作练习→完成学习任务单
二、学习任务
1. 新建 Word 文档　　　□ 2. 纸张大小设置　　　　□ 3. 纸张方向设置　　　　□ 4. 插入"分页符"　　　□ 5. 保存并关闭 Word 文档 □
三、困惑与建议

 任务二　宣传手册的版面规划(二)

项目三　宣传手册的制作

一、任务导入

参考微课学习手册的四页设计，对版面进行水平等分，第 1、4 页一个版面，第 2、3 页再组成一个版面。

二、任务实施

步　骤	说明或截图
1　单击"页面布局"→"页边距"→"自定义边距"，将页边距上、下、左、右的值均输入为"0"。	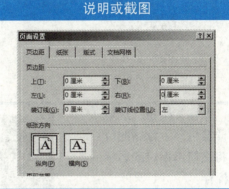
2　单击"插入"→"形状"→"直线"按钮，按住 Shift 键绘制水平栏分隔线。	
3　单击"格式"→"位置"→"其他布局选项"，出现"布局"对话框，选择"位置"→"水平"→"相对位置"，输入 50%，将垂直线按"页面"居中，左边作为第 4 页，右边作为第 1 页。	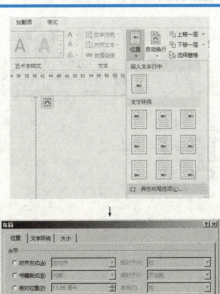

041

步 骤	说明或截图
④ 单击"插入"→"空白页"按钮,新增一空白页,如上描述绘制分隔线,并按页面水平居中。	
⑤ 单击"保存"按钮,选定在"计算机"上存储的位置,将文档用指定的名称加以保存。	

三、任务拓展

可尝试使用表格进行页面布局设置,如图 3-3 所示。

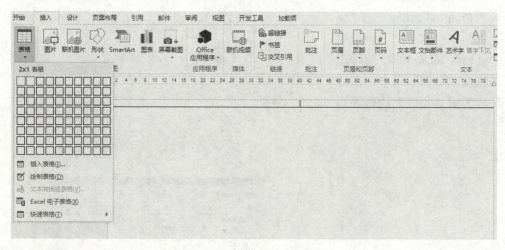

图 3-3 "插入"→"表格"

项目三　宣传手册的制作

 学习任务单

一、学习指南
预操作练习→听课（老师讲解、示范、拓展）→再操作练习→完成学习任务单
二、学习任务
1. 页边距设置　　□ 2. "插入"→"形状"→"直线"　　□ 3. "格式"→"位置"→"其他布局选项"　　□ 4. "布局"→"位置"→"水平"→"相对位置"　　□ 5. "插入"→"表格"（2×1）布局　　□
三、困惑与建议

 ## 任务三　素材的获取及处理

一、任务导入

图、文是页面排版的主要元素，掌握图片获取的途径、格式的调整及样式的设定方法。

二、任务实施

步　骤	说明或截图
① 浏览网页、复制或下载需要的素材图片，具体方法如下。 （1）复制图片：在打开的网页图片处右击，然后在弹出的快捷菜单中选择"复制图片"命令即可。 （2）下载图片：在打开的网页图片处右击，然后在弹出的快捷菜单中选择"图片另存为"命令即可。	 
② 用数码相机、Pad 或手机拍摄照片，然后在 Word 中单击"插入"→"图片"按钮，找到照片在数码设备上存储的位置（文件夹），从而可将图片插入当前文档中。	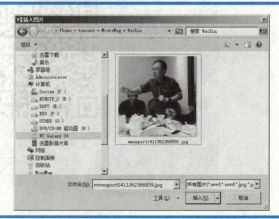

步骤	说明或截图
3 将光标移动至图片的四个角上,可调整其大小,按住图片最上方的按钮,可将其旋转,单击"布局选项"按钮,可设定"文字环绕"图片效果。	
4 单击"图片样式"预设的按钮,可改变图片形状、图片边框、图片效果和图片版式。	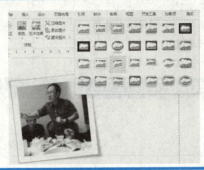

三、任务拓展

图片版式：在 Word 中双击图片,可打开"格式"菜单所对应的一批功能按钮。单击"图片版式"按钮,可将选定的图片转换成 SmartArt 图形,从而可以轻松地排列、添加标题并调整图片的大小,如图 3-4 所示。

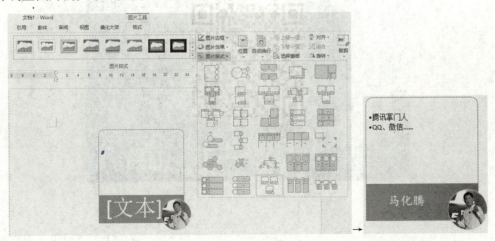

图 3-4 图片版式

计算机应用基础

学习任务单

一、学习指南
预操作练习→听课（老师讲解、示范、拓展）→再操作练习→完成学习任务单
二、学习任务
1. 从网页中复制图片　　　　　　　　　　□
2. 从网页中下载图片　　　　　　　　　　□
3. 调整图片大小　　　　　　　　　　　　□
4. 设置图片旋转　　　　　　　　　　　　□
5. 设置图片的"文字环绕"效果　　　　　　□
6. 设置图片样式　　　　　　　　　　　　□
7. 设置图片版式　　　　　　　　　　　　□
三、困惑与建议

任务四　封面及相关内容制作

一、任务导入

先观摩一份学习手册的封面设计，如图 3-1 所示，分析其上的元素构成：图形、艺术字、文本框、图片、SmartArt 图形等，用 Word 完成相应的设计。

二、任务实施

步　骤	说明或截图
1 单击"插入"→"形状→"矩形"按钮,依页面大小绘制 2 个长方形、4 个大小不等的正方形。	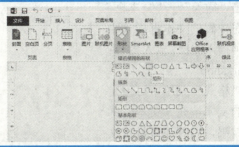
2 对 6 个图形分别填充不同的颜色,调整在封面页上方的位置,去除形状轮廓。	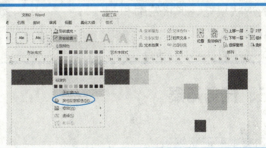
3 单击"插入"→"艺术字"按钮,选择预设的一种艺术字样式,输入文本。	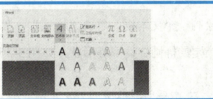
4 在"开始"菜单中可设定艺术字的字体、字号。在"格式"菜单中可设定艺术字的文本填充、文本轮廓和文本效果。	
5 单击"插入"→"图片"按钮,插入一张图片并调整好相应的位置。 　　双击图片,单击"格式"→"自动换行"按钮,将图片设置成"浮于文字上方"。	

步骤	说明或截图
⑥ 在图片的下方绘制矩形并填充颜色。 单击"插入"→"文本框"按钮,在内置的文本框样式中选择一种插入文档,输入内容:"NT Workshop"。 在"格式"菜单中可设定文本框的文本填充、文本轮廓和文本效果,同时还可设定文本框的形状填充、形状轮廓和形状效果。 至此,封面制作完成。	

三、任务拓展

1. 文本框形状编辑

绘制一个文本框,单击"格式"→"编辑形状"→"更改形状"按钮,可将文本框改变成指定的椭圆、菱形等形状,如图 3-5 所示。

2. 文本框创建链接

绘制两个文本框,在第一个文本框中输入文字并将其"溢出",然后单击"格式"→"创建链接"按钮,鼠标形状变成"茶杯"形状,在第二个文本框中单击,即可创建两个文本框的链接,如图 3-6 所示。

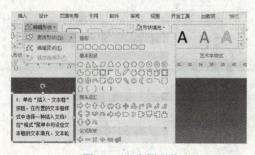
图 3-5　文本框形状

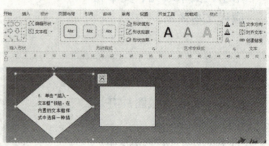
图 3-6　文本框链接

项目三　宣传手册的制作

学习任务单

一、学习指南	
预操作练习→听课（老师讲解、示范、拓展）→再操作练习→完成学习任务单	
二、学习任务	
1．"插入"→"形状"→"矩形"	☐
2．"形状填充"→"渐变"→"其他渐变"	☐
3．"形状轮廓"→"无轮廓"	☐
4．"插入"→"艺术字"并编辑	☐
5．"插入"→"文本框"并编辑	☐
三、困惑与建议	

任务五　内页及相关内容制作

一、任务导入

继续观摩学习手册的内页设计，如图3-1所示，分析其上的元素构成：图形、艺术字、文本框、图片、SmartArt图形等，用Word完成相应的设计。

二、任务实施

步　　骤	说明或截图
1　单击"插入"→"形状→"双波形"按钮，在内页的下方绘制一个双波形。	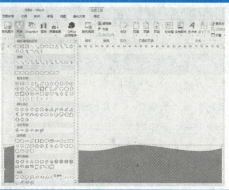
2　单击"格式"→"形状填充"→"图片"按钮，对选定的双波形以一张图片进行填充。	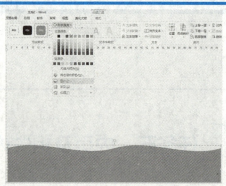
3　单击"格式"→"形状轮廓"→"无轮廓"按钮，对选定的双波形去除边界轮廓。	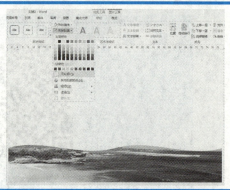
4　单击"插入"→"文本框"按钮，插入两个文本框并输入相应的内容。	

步骤	说明或截图
5 单击"插入"→"SmartArt 图形"→"水平层次结构"按钮，插入水平层次结构框图。	
6 双击水平层次结构框图，在其中输入相应的文字内容。	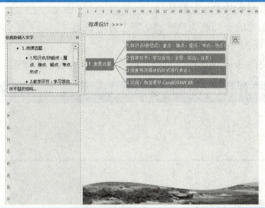
7 双击水平层次结构框图，单击"更改颜色"按钮，完成框图的颜色更改； 单击"开始"→"字体颜色"按钮，更改框图中文本的颜色； 单击"SmartArt 样式"设定好框图的立体化效果； 内页上其他对象的设计可如法炮制，不再赘述。	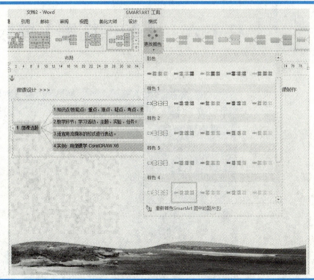

三、任务拓展

SmartArt 图形的布局、颜色及样式设定，不仅适用于 Word，同时也适用于 Excel（电子表格）、PowerPoint（演示文稿）等 Office 套件。

计算机应用基础

学习任务单

一、学习指南
预操作练习→听课（老师讲解、示范、拓展）→再操作练习→完成学习任务单
二、学习任务
1. "插入"→"图片"　　　　　　　　　　　　　　　　　□ 2. 调整图片大小及旋转　　　　　　　　　　　　　　　□ 3. 图片的布局选项"浮于文字上方"设定　　　　　　　□ 4. "插入"→"SmartArt 图形"　　　　　　　　　　　　□ 5. 更改 SmartArt 图形布局的图片、文本、颜色及样式　□
三、困惑与建议

任务六　【知识拓展】模板

一、任务导入

观摩 Word 预设的信函、简历、商务、传单、日历和封面等专业模板，提高文档编辑制作的效率。

项目三　宣传手册的制作

二、任务实施

步　　骤	说明或截图
① 单击"文件"→"新建"按钮，出现 Word 模板库。	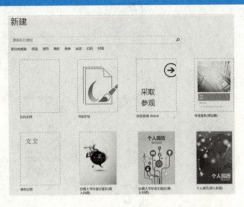
② 选择其中之一，再单击"创建"按钮，开始下载模板并按模板自动创建一个新的文档。	
③ 修改按模板创建的新文档中相应的的文字、图片部分，保存文档，完成制作。	

三、任务拓展

搜索联机模板并创建文档，以"请柬"为例，如图 3-7 所示。

053

图 3-7 联机搜索到的"请柬"模板

 学习任务单

一、学习指南
预操作练习→听课（老师讲解、示范、拓展）→再操作练习→完成学习任务单
二、学习任务
1. 打开 Word 模板库　　　　　　　　☐ 2. 根据选定的"模板"创建文档　　　☐ 3. 编辑文档中的文字、图片　　　　　☐ 4. 联机搜索 Word 新模板　　　　　　☐
三、困惑与建议

项目四　统计报表的制作

 任务一　简单的工资表制作

一、任务导入

观摩一张某单位的职工工资表,如表 4-1 所示。

表 4-1 某学校职工工资表

序 号	工 号	姓 名	基本工资	课时费	应发工资	公 积 金	实发工资
1	001	甲	680.00	1320.00	2000.00	1100.00	900.00
2	002	乙	930.00	1400.00	2330.00	1300.00	1030.00
3	003	丙	760.00	1100.00	1860.00	1000.00	860.00
4	004	丁	1080.00	1200.00	2280.00	1320.00	960.00
5	005	戊	680.00	890.00	1570.00	1100.00	470.00
6	006	己	760.00	1000.00	1760.00	1000.00	760.00

表 4-1 的元素构成有表头、栏目名、字符型数据、数值型数据。

二、任务实施

步　骤	说明或截图
1　启动 Excel,了解工作簿、工作表、单元格、行、列的概念。	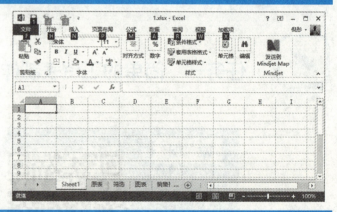
2　输入标题、表头,然后逐行输入数据。	

步　骤	说明或截图
3　选定单元格，输入公式、计算结果，例如：F3＝D3+E3，H3＝F3－G3。	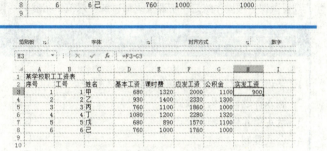
4　公式复制，求出其他单元格的结果，即将光标移至单元格的右下角呈黑色"+"时按住不松，向下拖曳。	
5　单击"保存"按钮，选定在"计算机"上存储的位置，将工作簿以扩展名为.xlsx 格式加以保存。	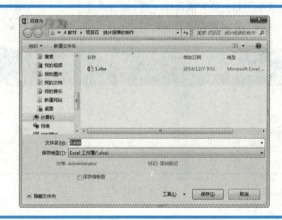

三、任务拓展

在表中插入行、列操作：右击某一个单元格，在弹出的快捷菜单中选择"插入"命令，弹出如图 4-1 所示的"插入"对话框，即可实现单元格、整行、整列的插入。

图 4-1　插入行、列操作

计算机应用基础

学习任务单

一、学习方法建议
观看微课→预操作练习→听课（老师讲解、示范、拓展）→再操作练习→完成学习任务单
二、学习任务
1. 认识工作簿、工作表、单元格、行、列　　□ 2. 输入标题、表头、数据　　□ 3. 选定单元格，输入公式　　□ 4. 公式复制　　□ 5. 在表中指定位置插入行、列　　□ 6. 保存工作簿并关闭 Excel　　□
三、困惑与建议

 任务二　工资表的格式设置

微　课

观看本任务微课视频
扫一扫二维码

项目四 统计报表的制作

一、任务导入

分析职工工资表的格式结构，如表 4-1 所示，其中：表头采用居中对齐、数值型数据保留小数点两位、字符型数据如"工号"表示要将"1"转换为"001"等、全部表格具有纵横格线等。

二、任务实施

步骤	说明或截图
1	选中标题所在的多个单元格，与表格的宽度相同，单击"开始"→"合并后居中"按钮；再单击"对齐方式"→"垂直居中"按钮，完成标题所在行的水平、垂直居中设置。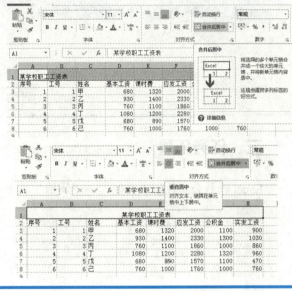
2	选定"工号"所在的一列数据，右击，选择"设置单元格格式"→"数字"→"文本"项，可将 1～5 分别改为 001～005。
3	选中表中基本工资到实发工资之间的数据部分，单击"增加小数位数"按钮，全部数据保留两位小数。

059

步骤	说明或截图
4 单击左上角单元格，按住 Shift 键，再单击右下角单元格，选定全部表格，再单击"开始"→"居中"按钮，将全部单元格内容居中。	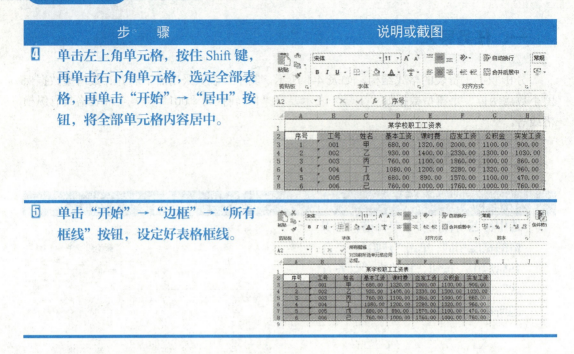
5 单击"开始"→"边框"→"所有框线"按钮，设定好表格框线。	

三、任务拓展

Excel 函数公式位于"开始"→"编辑"菜单项中，如图 4-2 所示。

图 4-2　Excel 函数公式

使用常用函数 SUM（）、AVERAGE（）、COUNT（）可用于一列或一行数据的求和、求平均值、计数，如图 4-3 所示。

	A	B	C	D	E	F	G	H
1	某学校职工工资表							
2	序号	工号	姓名	基本工资	课时费	应发工资	公积金	实发工资
3	1	001	甲	680.00	1320.00	2000.00	1100.00	900.00
4	2	002	乙	930.00	1400.00	2330.00	1300.00	1030.00
5	3	003	丙	760.00	1100.00	1860.00	1000.00	860.00
6	4	004	丁	1080.00	1200.00	2280.00	1320.00	960.00
7	5	005	戊	680.00	890.00	1570.00	1100.00	470.00
8	6	006	己	760.00	1000.00	1760.00	1000.00	760.00
9	人数				合计		平均工资	
10	=COUNT(A3:A8)				11800.00		830.00	

图 4-3　Excel 公式计算

项目四 统计报表的制作

 学习任务单

一、学习方法建议
观看微课→预操作练习→听课（老师讲解、示范、拓展）→再操作练习→完成学习任务单
二、学习任务
1. 表格标题"合并后居中"　　　　　　　　　　　　□ 2. 设置单元格格式为"文本"　　　　　　　　　　　□ 3. 增加/减少小数位数　　　　　　　　　　　　　□ 4. 单元格内容水平、垂直居中　　　　　　　　　　□ 5. 表格框线设置　　　　　　　　　　　　　　　　□ 6. SUM ( )、AVERAGE ( )、COUNT ( ) 函数的使用　　□
三、困惑与建议

 ## 任务三　工资表排序

061

一、任务导入

按应发工资或实发工资的多少进行升序或降序排列，或按同部门的人员集中排列在一起进行排序。

二、任务实施

步　　骤	说明或截图
1　基本排序：光标置于工资表中的某一数据单元格，单击"开始"→"排序和筛选"按钮，选择其中的"升序"或"降序"，以该列数据为关键字段，完成表格数据的升序或降序排列。以"应发工资"为例，降序排列。	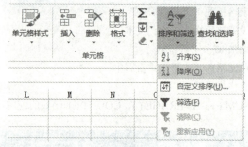
2　高级排序：选定工资表，单击"数据"→"排序"按钮，出现"排序"对话框，此时可设定排序的主、次关键字，数值大小、字母顺序、笔画多少等排列。 例如，当两人的"应发工资"相同时，再根据其"姓名"的值做"升序"排列。	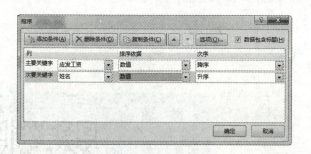

三、任务拓展

多个关键字的组合排序，排序也是"分类汇总"的前提。

项目四　统计报表的制作

学习任务单

一、学习方法建议

观看微课→预操作练习→听课（老师讲解、示范、拓展）→再操作练习→完成学习任务单

二、学习任务

1. 按"实发工资"大小做降序排列　☐
2. 按"姓名"大小做升序排列　☐
3. 按"姓名"大小升序、"实发工资"大小降序进行组合排序　☐

三、困惑与建议

任务四　工资表分类汇总

观看本任务微课视频
扫一扫二维码

一、任务导入

通常需要按"部门"对工资数据进行分类汇总。

063

二、任务实施

步骤	说明或截图
1 插入"部门"字段，并添加内容：右击"基本工资"所在一列的某个单元格，在弹出的快捷菜单中选择"插入"→"整列"命令，这样就在姓名与基本工资之间插入一个空白列，逐个选中单元格并输入内容。	
2 按"部门"对工资表进行排序。右击"部门"所在列的任何一个单元格，选择"排序"→"升序"命令。	
3 将光标置于表中的任何一个单元格中，单击"数据"→"分类汇总"按钮，在打开的"分类汇总"对话框中，将"分类字段"设置为"部门"，"汇总方式"设置为"求和"，选中除"序号"外的全部数值型列，并选择"汇总结果显示在数据下方"，单击"确定"按钮，出现三级显示的"分类汇总"结果，单击左边的"1、2、3"按钮，可分级显示汇总表的结果。	
4 单击左侧的数字"2"，出现二级显示的"分类汇总"结果，再重新设定表中的格式及数据，得到按"部门"的分类汇总表。	

三、任务拓展

取消数据分级显示：若要取消分类汇总中的数据分级显示，可单击"数据"→"取消组合"→"清除分级显示"按钮，如图 4-4 所示。

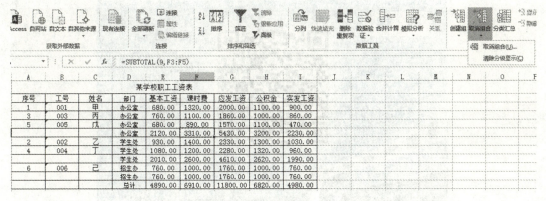

图 4-4　清除分级显示

 学习任务单

一、学习方法建议
观看微课→预操作练习→听课（老师讲解、示范、拓展）→再操作练习→完成学习任务单
二、学习任务
1. 插入一列数据　　　　　　　　　　　　　　□ 2. 对该列数据进行升、降序排列　　　　　　　□ 3. 按指定的分类字段进行分类汇总　　　　　　□ 4. 整理分类汇总表　　　　　　　　　　　　　□ 5. 清除分级显示　　　　　　　　　　　　　　□
三、困惑与建议

任务五　工资表筛选

一、任务导入

通常在一张大表中仅需要显示满足条件的部分记录，此时就要用到数据"筛选"操作，如图 4-5 所示。

图 4-5　数据筛选

项目四 统计报表的制作

二、任务实施

步骤	说明或截图
1	基本筛选：光标置于工资表中的某一数据单元格，单击"开始"→"排序和筛选"按钮，选择其中的"筛选"，从而在各列就添加了"筛选"控制按钮。
2	单击"筛选"控制按钮，选择"数字筛选"（或"文本筛选"）→"自定义筛选"项，可对"筛选"条件灵活加以设置。 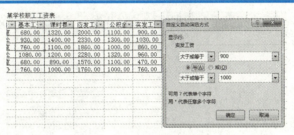
3	再次单击"开始"→"排序和筛选"→"筛选"项，可取消"筛选"控制按钮设置。
4	高级筛选：首先要构造一个条件区域，例如：应发工资 ≥2000，然后单击"数据"→"排序和筛选"→"高级"按钮。
5	按照列表区域、条件区域的设定，可在原地或新的位置显示"筛选"的结果。 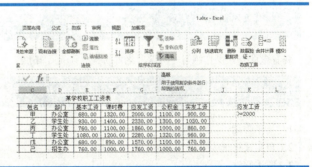

067

步　　骤	说明或截图
	某学校职工工资表

序号	工号	姓名	部门	基本工资	课时费	应发工资	公积金	实发工资		应发工资 >=2000
1	001	甲	办公室	680.00	1320.00	2000.00	1100.00	900.00		
2	002	乙	学生处	930.00	1400.00	2330.00	1300.00	1030.00		
3	003	丙	办公室	760.00	1100.00	1860.00	1000.00	860.00		
4	004	丁	学生处	1080.00	1200.00	2280.00	1320.00	960.00		
5	005	戊	办公室	680.00	890.00	1570.00	1100.00	470.00		
6	006	己	招生办	760.00	1000.00	1760.00	1000.00	760.00		

序号	工号	姓名	部门	基本工资	课时费	应发工资	公积金	实发工资
1	001	甲	办公室	680.00	1320.00	2000.00	1100.00	900.00
2	002	乙	学生处	930.00	1400.00	2330.00	1300.00	1030.00
4	004	丁	学生处	1080.00	1200.00	2280.00	1320.00	960.00

三、任务拓展

筛选相当于对数据表的二次开发，尤其是自定义筛选条件的逻辑表达式构成，如图 4-6 所示。

图 4-6　逻辑表达式的构成

　学习任务单

一、学习方法建议
观看微课→预操作练习→听课（老师讲解、示范、拓展）→再操作练习→完成学习任务单
二、学习任务
1. 基本筛选　　　　　　　　　　□ 2. 自定义筛选　　　　　　　　　□ 3. 取消筛选　　　　　　　　　　□ 4. 高级筛选→条件区域　　　　　□ 5. 高级筛选→结果显示　　　　　□
三、困惑与建议

项目四 统计报表的制作

任务六　工资表的图形化表示

一、任务导入

以图形化方式表现的数据更加直观、明了，如图 4-7 所示。

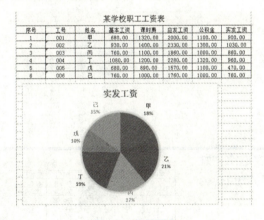

图 4-7　数据图表

二、任务实施

步　骤	说明或截图
1　按住 Ctrl 键，选定"姓名"、"实发工资"两列数据。	

069

步骤	说明或截图
2 单击"插入"→"图表"→"插入柱形图"按钮,选择"二维柱形图"→"簇状柱形图",将柱形图插入当前页面中。	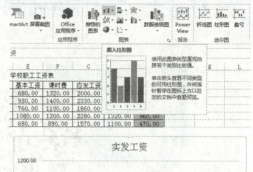
3 单击"设计"→"图表样式",选择某一预设的样式,完成柱形图制作。	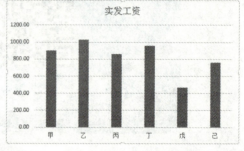
4 按住 Ctrl 键,再次选定"姓名"、"课时费"两列数据。	
5 单击"插入"→"图表"→"插入饼图或圆环图"按钮,选择"二维饼图"→"饼图",将饼图插入当前页面中。	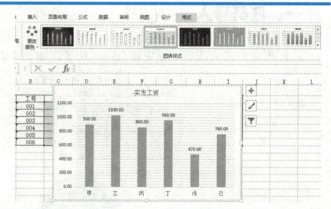

步　　骤	说明或截图
⑥ 单击"设计"→"图表样式",选择某一预设的样式,完成饼图制作。	 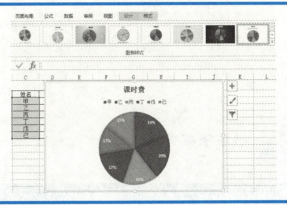

三、任务拓展

图表元素、图表样式和图表筛选器位于选定的图表右侧,通过对这 3 个方面的设置,可对图表做进一步更改和美化,如图 4-8 所示。

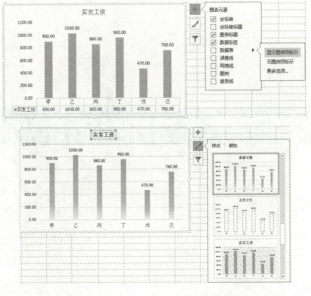

图 4-8　图表元素、图表样式和图表筛选器

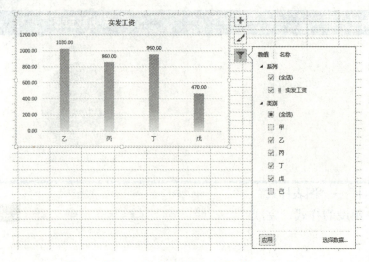

图 4-8 图表元素、图表样式和图表筛选器（续）

学习任务单

一、学习方法建议
观看微课→预操作练习→听课（老师讲解、示范、拓展）→再操作练习→完成学习任务单
二、学习任务
1. 选定数据　　　　　　　　　　　☐ 2. 柱形图设置　　　　　　　　　　☐ 3. 饼图设置　　　　　　　　　　　☐ 4. 图表元素设置　　　　　　　　　☐ 5. 图表样式设置　　　　　　　　　☐ 6. 图表筛选器设置　　　　　　　　☐
三、困惑与建议

项目四 统计报表的制作

任务七 销售统计表制作

一、任务导入

实战销售统计表，完成对前面所学内容的综合训练，如表 4-2 所示。

表 4-2　奥迪汽车配件销售月报表

日　期	订 单 号	名　　称	数　量	单　价	金　额	备　注
2014/11/3	124481108421	高压油泵	1	¥10.00	¥10.00	
2014/11/4	124480574991	方向机球头（外）	3	¥180.00	¥540.00	
2014/11/5	124410437692	蓄电池	2	¥700.00	¥1400.00	
2014/11/6	124410437692	蓄电池	1	¥520.00	¥520.00	
2014/11/7	124412666948	雨量传感器	5	¥260.00	¥1300.00	

二、任务实施

步　　骤	说明或截图
1 新建一张商品销售月报表。	奥迪汽车配件销售月报表 日期　订单号　名称　数量　单价　金额　备注 2014/11/3　124481108421　高压油泵　1　¥10.00 2014/11/4　124480574991　方向机球头（外）　3　¥180.00 2014/11/5　124410437692　蓄电池　2　¥700.00 2014/11/6　124410437692　蓄电池　1　¥520.00 2014/11/7　124412666948　雨量传感器　5　¥260.00
2 对表格进行美化，对齐数据、设置格线、调整字号等。	奥迪汽车配件销售月报表 日期　订单号　名称　数量　单价　金额　备注 2014/11/3　124481108421　高压油泵　1　¥10.00 2014/11/4　124480574991　方向机球头（外）　3　¥180.00 2014/11/5　124410437692　蓄电池　2　¥700.00 2014/11/6　124410437692　蓄电池　1　¥520.00 2014/11/7　124412666948　雨量传感器　5　¥260.00

步骤		说明或截图
③	编辑公式，金额=单价×数量，完成一个单元格的数据计算，复制公式，求出其他金额结果。	
④	在表格的下方增加一行"合计"，用 SUM（ ）函数求出"金额"的汇总结果，合并相应的单元格并添加格线。	
⑤	按 Ctrl 键，选中汽车配件的"名称"、"金额"两列数据。	
⑥	按汽车配件的"名称"和"金额"制作柱形图并调整图表样式。	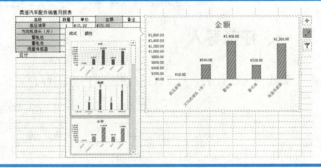

三、任务拓展

分析各类报表的结构，尤其是复杂的表头部分，用 Excel 来尝试制作，如图 4-9 所示。

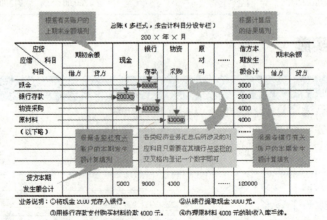

图 4-9 常见的报表表头

具体操作步骤如下。

步　　骤	说明或截图
❶ 输入表头文字，按 Alt+Enter 组合键，可实现在一个单元格内进行文字换行，再横向选定 11 个单元格，单击"合并后居中"按钮，完成标题文字的输入及居中排列。	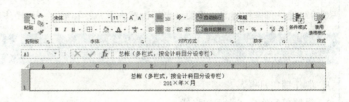
❷ 在第二、三行上选定相应的单元格，做"合并后居中"操作，然后再添加"所有框线"。	
❸ 右击 A2 单元格，选择"设置单元格格式"命令，在"边框"选项卡中单击"斜线"按钮，制作表头的斜线。	
❹ 输入文字，完成复杂的表头制作。	

计算机应用基础

学习任务单

一、学习方法建议
观看微课→预操作练习→听课（老师讲解、示范、拓展）→再操作练习→完成学习任务单
二、学习任务
1. 制作销售月报表　□ 2. 设置单元格格式、添加格线　□ 3. 编辑公式、计算金额　□ 4. 复制公式、求出全部金额计算结果　□ 5. 添加"合计"一行，求出"金额"的汇总结果　□ 6. 依据"名称"、"金额"两列数据，制作图表（柱形图或饼图）　□ 7. 复杂表头设计与制作　□
三、困惑与建议

任务八　自定义序列和条件格式

项目四 统计报表的制作

一、任务导入

利用序列输入可大大提高效率；而条件格式则能对满足条件的单元格以特定的颜色显示，如表 4-3 所示。

表 4-3 2012 秋初高职汽制 03 班成绩登记表

序号	姓名	汽车拆装与调整	焊接工艺	汽车电气	汽车销售实用教程	汽车底盘构造	Photoshop
1	王鹏	89	77	78	87	79	77
2	钱梦捷	67	54	78	90	69	56
3	张伟	69	65	87	70	55	65
4	黎志高	75	60	80	80	60	95
5	刘海	58	70	70	60	90	74
6	李军	85	80	60	90	69	55
7	朱涛	80	60	50	70	87	87

二、任务实施

步 骤	说明或截图
1 单击"文件"→"选项"→"高级"→"编辑自定义列表"按钮，可看到预设的全部"自定义序列"。	
2 在其中输入新的序列内容，再单击"添加"按钮，完成新序列的定义。	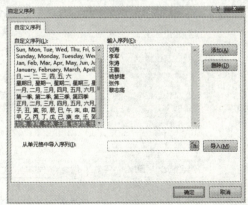

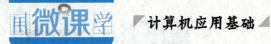

步　骤	说明或截图
3　在单元格中输入序列中的某一个名称，再将光标移至单元格的右下角呈黑色"+"时，按住鼠标进行拖曳，即可完成序列的自动填充。	（12秋初高职汽制03班成绩登记表）
4　条件格式设定：首先选定数据区域，单击"开始"→"条件格式"按钮，再选择"突出显示单元格规则"中的某一项，输入相应的值，这样满足条件的单元格将以指定的填充色及文本颜色突出显示，例如，成绩不及格（60分）以下的，用黄底红字显示。	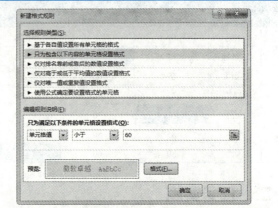

三、任务拓展

右击 Excel 工作簿上的工作表标签，会弹出一个快捷菜单，其中包括了工作表的插入、删除、重命名、移动等命令，如图 4-10 所示。

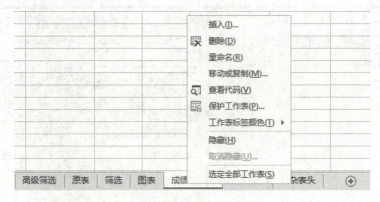

图 4-10　工作簿标签菜单

项目四 统计报表的制作

 学习任务单

一、学习方法建议
观看微课→预操作练习→听课（老师讲解、示范、拓展）→再操作练习→完成学习任务单
二、学习任务
1．编辑自定义列表　　　　　　　　　　　　□ 2．"添加"新序列　　　　　　　　　　　　□ 3．在单元格中填充序列　　　　　　　　　　□ 4．条件格式→突出显示单元格规则　　　　　□ 5．设置单元格填充及字体颜色　　　　　　　□
三、困惑与建议

项目五 演示文稿的制作

 任务一 用模板制作演示文稿

项目五 演示文稿的制作

一、任务导入

教学课件、产品报告、动感影集等随处可见、比比皆是,如图 5-1 所示。

图 5-1 专题技术报告

二、任务实施

步 骤	说明或截图
1	启动 PowerPoint 软件,单击"文件"→"新建"菜单项,出现 PPT 预设的模板和主题,选择其中之一,例如:"环保"主题模板,再单击"创建"按钮,以模板的方式快速创建一个演示文稿。 
2	按屏幕提示添加主、副标题,完成封面页的设计。 
3	单击"开始"→"新建幻灯片"按钮,插入一张新的幻灯片,按提示添加标题、文本,单击"插入"→"图片"按钮,插入本地"图片库"中的一张图片,调整其位置和大小,完成第二张幻灯片的制作。 

081

步骤	说明或截图

④ 单击"开始"→"新建幻灯片"按钮，再插入一张新的幻灯片，按提示添加标题、文本，单击"插入"→"联机图片"按钮，从 Office.com 剪贴画库中搜索一张图片，将其插入当前幻灯片，再调整其位置和大小，完成第三张幻灯片的制作。	

④ 单击"幻灯片放映"→"从头开始"按钮，观看演示文稿的播放效果。	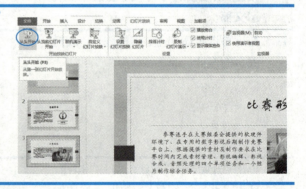

三、任务拓展

学会搜索 PPT 联机模板和主题、联机图片等，操作步骤如下。

启动 PPT，选择"文件"→"新建"命令，在"搜索联机模板和主题"对话框中输入要搜索的关键字，如，"教育"，再单击"开始搜索"按钮，出现如图 5-2 所示的界面，单击某一个模板的缩略图，最后再单击"创建"按钮，即可按模板创建一个新的演示文稿。

项目五 演示文稿的制作

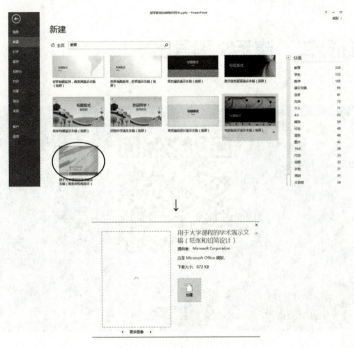

图 5-2　联机模板和主题

学习任务单

一、学习方法建议
观看微课→预操作练习→听课（老师讲解、示范、拓展）→再操作练习→完成学习任务单
二、学习任务
1. 搜索 PPT 联机模板和主题　　　　　　　　　□ 2. 输入标题、表头、数据　　　　　　　　　　□ 3. 在文本框中输入主、副标题　　　　　　　　□ 4. 对文本框内容进行排版　　　　　　　　　　□ 5. 插入本地图片　　　　　　　　　　　　　　□ 6. 插入联机图片　　　　　　　　　　　　　　□ 7. 从头开始播放幻灯片　　　　　　　　　　　□
三、困惑与建议

 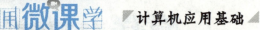

任务二　演示文稿导出

一、任务导入

在 PowerPoint 2010 之后的版本中增加了 MP4、WMV 等视频文件的"导出",如图 5-3 所示。

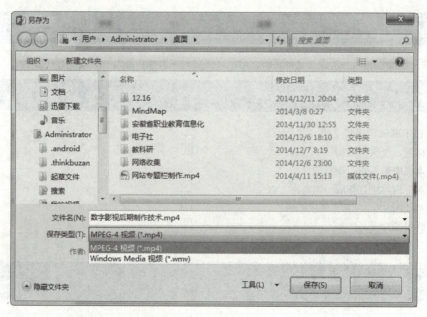

图 5-3　导出视频

项目五　演示文稿的制作

二、任务实施

步　骤	说明或截图
1 单击"文件"→"导出"→"更改文件类型"菜单项，可将当前的演示文稿以早先的 PPT 格式、默认的 PPTX 格式等多种格式保存。	
2 单击"文件"→"导出"→"创建 PDF/XPS 文档"菜单项，可将当前的演示文稿以 PDF 格式加以保存。	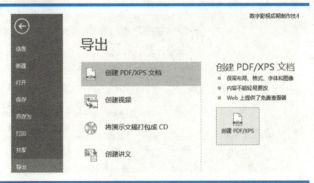
3 单击"文件"→"导出"→"创建视频"菜单项，再单击"创建视频"按钮，此时，可将当前演示文稿以 MP4、WMV 等视频文件进行"导出"，以方便在数字电视、手机、Pad 及网络等多种场合下使用。	

三、任务拓展

使用 PowerPoint 进行微视频（微电影）制作，操作步骤如下。
（1）选定全体幻灯片，在"切换"菜单中设置好幻灯片的"转场"效果。
（2）依次选定各个对象，在"动画"菜单中设置好对象的"动画"效果。
（3）单击"文件"→"导出"→"创建视频"菜单项，再单击"创建视频"按钮，此时，可将当前演示文稿以 MP4 视频文件格式进行导出，如图 5-4 所示。

▎计算机应用基础◣

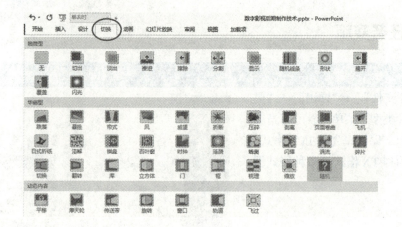

↓

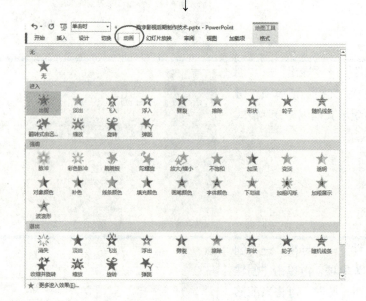

↓

图 5-4　微视频制作

项目五　演示文稿的制作

学习任务单

一、学习方法建议
观看微课→预操作练习→听课（老师讲解、示范、拓展）→再操作练习→完成学习任务单
二、学习任务
1. 实现 PPT、PPTX、PPSX 等多种格式输出　□ 2. 创建 PDF 格式的文件　□ 3. 在文本框中输入主、副标题　□ 4. 创建 MP4、WMV 格式的视频文件　□ 5. 熟悉"切换"菜单　□ 6. 熟悉"动画"菜单　□
三、困惑与建议

任务三　演示文稿的基本操作（一）

计算机应用基础

一、任务导入

常见的演示文稿中的对象有文本框、表格、图片、音频及视频等，所有对象均可设置"动画"效果，如图 5-5 所示。

图 5-5　演示文稿中的对象

二、任务实施

步　　骤	说明或截图
❶ 启动 PPT，从一个空白的演示文稿开始着手，在预设的主、副标题文本框中输入内容。	项目三 我的PowerPoint作业 主讲：倪彤
❷ 单击"开始"→"新建幻灯片"按钮，插入一张空白幻灯片，在预设的主、副标题文本框中输入目录、条目等相关内容。	目录 • 任务一 我的表格 • 任务二 我的照片 • 任务三 我的图形 • 任务四 我的音频 • 任务五 我的视频

项目五　演示文稿的制作

步　　骤	说明或截图
3 继续插入一张新的幻灯片，在主文本框中输入标题"任务一　我的表格"，在副文本框中单击"插入表格"按钮，在弹出的对话框中输入行、列个数后，完成表格插入，在"设计"→"表格样式"中，可对表格进行美化处理。	 
4 继续插入一张新的幻灯片，在主文本框中输入标题"任务二　我的照片"，在副文本框中单击"图片"或"联机图片"，插入一张或多张图片，调节其大小及位置，完成制作。	

三、任务拓展

幻灯片背景音乐的添加及设置，操作步骤如下。

步骤	说明或截图
1. 选定第一张幻灯片，单击"插入"→"音频"→"PC 上的音频"按钮。	
2. 在本机上选定一个 MP3 格式的文件，将其插入当前幻灯片。	
3. 单击"播放"菜单，在"音频选项"处设定："开始"设为"自动"，选中"跨幻灯片播放"，将"音量"设置成合适的大小，完成制作。	

学习任务单

一、学习方法建议
观看微课→预操作练习→听课（老师讲解、示范、拓展）→再操作练习→完成学习任务单
二、学习任务
1. 文本框编辑　　　　　　　　　　□ 2. 插入新幻灯片　　　　　　　　　□ 3. 插入并编辑表格　　　　　　　　□ 4. 插入并编辑图片　　　　　　　　□ 5. 插入音频　　　　　　　　　　　□ 6. 设置音频成连续播放的背景音乐　□
三、困惑与建议

项目五 演示文稿的制作

任务四　演示文稿的基本操作（二）

一、任务导入

通常看到的幻灯片每一页上都有一些相同的元素，如背景图片、页眉、页脚等，这些公共元素均可通过幻灯片母板进行设计，如图 5-6 所示。

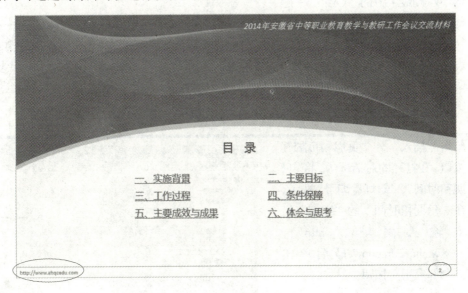

图 5-6　演示文稿中的图片、页眉、页脚

二、任务实施

步骤	说明或截图
1 右击幻灯片的空白区，选择"设置背景格式"命令，在打开的泊坞窗中选择"填充"→"图片或纹理填充"→"插入图片来自"→"文件"命令，选择一张图片作为幻灯片的背景，单击"全部应用"按钮，完成幻灯片背景设置。	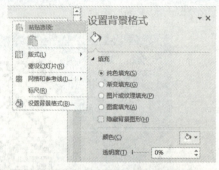
2 单击"视图"→"幻灯片母板"按钮，进入幻灯片的母板编辑，选中左侧最上方的"Office 主题幻灯片母板"。	
3 单击"插入"→"页眉和页脚"按钮，在打开的对话框中，将"日期和时间"、"幻灯片编号"选中，在"日期和时间"的"固定"栏中输入网址"http://www.ahqcedu.com"最后单击"全部应用"按钮。	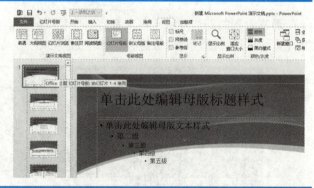

项目五　演示文稿的制作

步骤	说明或截图
4　最后单击"幻灯片母板"→"关闭母板视图"按钮，完成幻灯片下方页脚等统一设置。	 

三、任务拓展

插入视频文件（MP4、WMV 等）的操作步骤如下。

步骤	说明或截图
1　选定第一张幻灯片，单击"插入"→"视频"→"PC 上的视频"按钮。	
2　在本机上选定一个 MP4 等格式的视频文件，将其插入当前幻灯片。	

093

步骤	说明或截图
3	单击"格式"菜单,可设定视频样式、视频形状、视频边框等,完成制作。 

学习任务单

一、学习方法建议
观看微课→预操作练习→听课(老师讲解、示范、拓展)→再操作练习→完成学习任务单
二、学习任务
1. 设置幻灯片背景　　　　　　　　　　□ 2. 设置幻灯片母板　　　　　　　　　　□ 3. 插入"页眉和页脚"　　　　　　　　□ 4. 在母板上添加"日期和时间"　　　　□ 5. 在母板上添加"幻灯片编号"　　　　□ 6. 插入视频　　　　　　　　　　　　　□ 7. 设置视频样式、视频边框　　　　　　□
三、困惑与建议

项目五　演示文稿的制作

任务五　演示文稿的基本操作（三）

一、任务导入

文本框、表格、图片等对象均可对其进行"动画"设计，如图 5-7 所示。

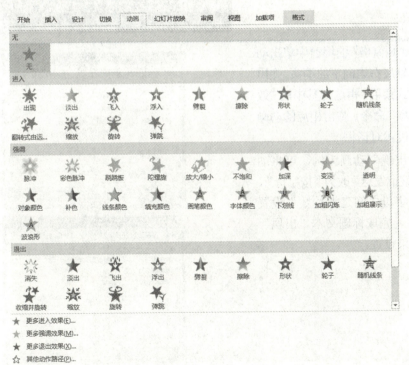

图 5-7　演示文稿中预设"动画"

095

二、任务实施

步骤	说明或截图
1 选中文本框等对象，单击"动画"菜单，单击预设的"动画"按钮，为对象指定一种"动画"效果，如"出现"。	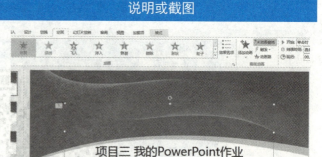
2 对象"动画"效果的修改可单击"动画"菜单中的"动画窗格"按钮，在弹出的"动画窗格"泊坞窗中完成设置。	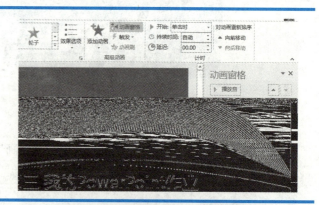
3 在"动画窗格"泊坞窗中单击动画对象最右边向下的箭头，弹出下拉式菜单，再选择其中的"效果选项"命令，弹出相应的动画对象设置对话框。 以"出现"动画为例，可将动画文本"整批发送"改为"按字母"，同时将"字母之间延迟秒数"设置成"0.2"，完成标题文本"出现"的动画效果设置。	

三、任务拓展

在选定对象后,可以进行更改进入、强调、退出的动画效果设定,如图 5-8 所示。

图 5-8　演示文稿中预设的动画

学习任务单

一、学习方法建议
观看微课→预操作练习→听课(老师讲解、示范、拓展)→再操作练习→完成学习任务单
二、学习任务
1. 文本框"出现"动画(整批发送)　　　　　　　　　□ 2. 文本框"出现"动画(按字母)　　　　　　　　　　□ 3. 表格"缩放"动画　　　　　　　　　　　　　　　□ 4. 图片"飞入"动画　　　　　　　　　　　　　　　□ 5. 在"动画窗格"中预览动画设定效果　　　　　　　□ 6. 在"动画窗格"中对动画对象进行排序　　　　　　□
三、困惑与建议

任务六　演示文稿的基本操作（四）

一、任务导入

通常所见的幻灯片在"转场"时的百叶窗、翻页、闪耀等动态效果，是通过"切换"菜单来完成的，如图 5-9 所示。

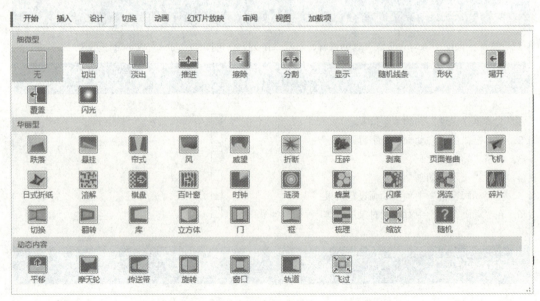

图 5-9　演示文稿中预设"切换"动画

项目五　演示文稿的制作

二、任务实施

步　　骤	说明或截图
1　选中一张幻灯片,单击"切换"选项卡,在预设的各种"切换"效果中选择其中之一,完成两两幻灯片"转场"的效果设置,如"悬挂"。	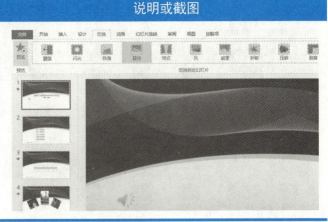
2　单击"切换"选项卡中的"效果选项"按钮,可对"切换"的动画效果做进一步的设置。	
3　其他幻灯片的"切换"动画效果设置与前类似。 单击"幻灯片放映"选项卡中的"从头开始"(F5)或"从当前幻灯片开始"(Shift+F5)按钮,播放演示文稿。	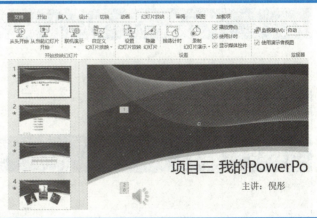

三、任务拓展

幻灯片"切换"动画效果有几十种,为了得到意想不到的动画效果,可设定幻灯片的切换为"随机",如图5-10所示。

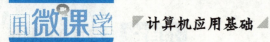

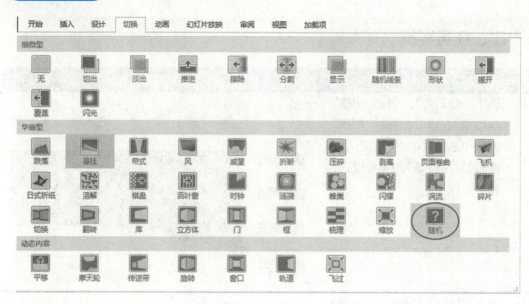

图 5-10 "随机"切换动画

 学习任务单

一、学习方法建议
观看微课→预操作练习→听课（老师讲解、示范、拓展）→再操作练习→完成学习任务单
二、学习任务
1. 单张幻灯片"切换"动画设置　　　　　　　　　□ 2. "切换"动画"效果选项"设置　　　　　　　　□ 3. 全部幻灯片"随机"切换动画设置　　　　　　□
三、困惑与建议

项目五 演示文稿的制作

任务七 动感影集的制作

一、任务导入

观摩用 PPT 所制作的动感影集,分析其制作方法,如图 5-11 所示。

图 5-11 动感影集截图

二、任务实施

步骤	说明或截图
1 新建一个演示文稿，单击"插入"→"相册"按钮，选择作为相册中的一组图片，再单击"插入"按钮。	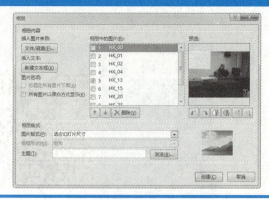
2 在"相册"对话框中可调整图片的排列顺序、图片旋转等，再单击"创建"按钮，完成"相册"的初步制作。	 
3 更改母板默认的黑色背景，单击"视图"→"幻灯片母板"按钮，选中左侧最上方的一张幻灯片，单击"设置背景格式"按钮，将其设置成"渐变填充"效果，再单击"全部应用"按钮。	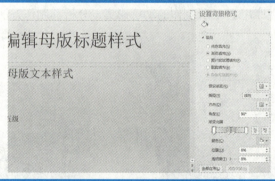
4 使用文本框，对每一张相片添加文字标题，选中全部幻灯片，单击"切换"→"随机"按钮。	

项目五　演示文稿的制作

步　　骤	说明或截图
	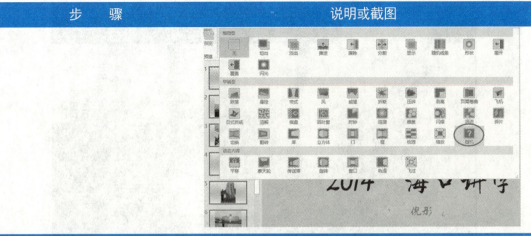
5　回到第一张幻灯片，单击"插入"→"音频"按钮，添加背景音乐，设置"开始"为"自动"、选中"跨幻灯片播放"复选框。	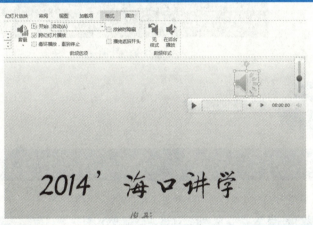
6　单击"文件"→"导出"→"创建视频"菜单项，单击"创建视频"按钮，完成一个动感影集的制作。	

三、任务拓展

在幻灯片播放时，右击，在弹出的快捷菜单中选择"显示演示者视图"命令，可在演播者的界面上看到幻灯片的备注文字、下一张幻灯片预览图等，主投影幕布上则只显示当前正在播放的幻灯片画面，如图 5-12 所示。

103

图 5-12　演示者视图

学习任务单

一、学习方法建议
观看微课→预操作练习→听课（老师讲解、示范、拓展）→再操作练习→完成学习任务单
二、学习任务

1. 插入相册　　　　　　　　　　　　　　　　　□
2. 调整相册中图片的顺序及旋转　　　　　　　　□
3. 更改幻灯片母板的背景　　　　　　　　　　　□
4. 用文本框给幻灯片添加文字说明　　　　　　　□
5. 设置幻灯片"切换"效果　　　　　　　　　　□
6. 给幻灯片添加能连续播放的背景音乐　　　　　□
7. 在幻灯片播放时切换到"演示者视图"模式　　□

三、困惑与建议

项目五 演示文稿的制作

任务八 教学课件的制作（一）

观看本任务微课视频
扫一扫二维码

一、任务导入

老师们上课常用的教学课件、电子教案比比皆是，如图 5-13 所示。

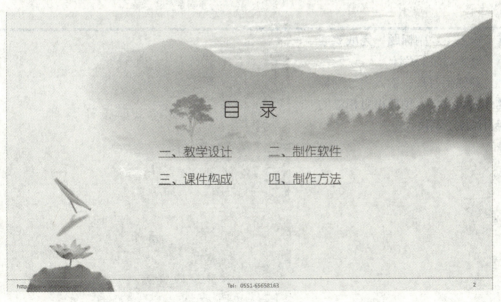

图 5-13 教学课件截图

105

二、任务实施

步骤	说明或截图
1 新建一个PPT演示文稿，单击"视图"→"幻灯片母板"，然后对母板进行编辑：设置背景格式，填充背景图片，设置页脚，添加幻灯片编号，完成母板设置。	 
2 输入主、副标题，完成欢迎页（封面）设计。 新建幻灯片，输入主、副标题作为目录页，稍后再对相应的条目添加超链接。	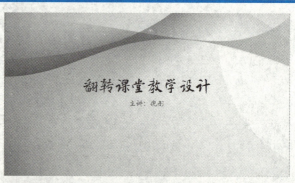 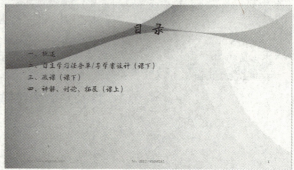

项目五　演示文稿的制作

步　　骤	说明或截图
3　新建幻灯片，输入文本、插入对象（表格、图片、音频和视频等），对应目录页的条目，完成多个内容页的设置。	

三、任务拓展

在演示文稿中设置单项、多项选择题非常方便，具体操作步骤如下：

步　　骤	说明或截图
1　新建一个习题页、一个正确页和一个错误页。	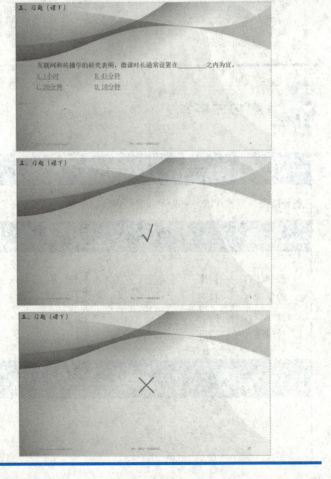

107

步　骤	说明或截图
2 选中相应的文字选项，并设置超链接至正确页或错误页。	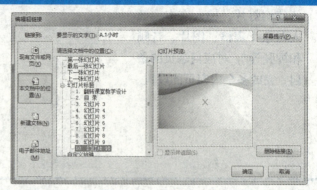
3 在错误页上再设置一个"返回"习题页按钮，这样即便是做错还可返回重做，完成制作。	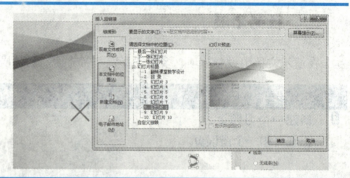

 学习任务单

一、学习方法建议
观看微课→预操作练习→听课（老师讲解、示范、拓展）→再操作练习→完成学习任务单
二、学习任务
1. 教学课件——封面　　　□ 2. 教学课件——目录　　　□ 3. 教学课件——内容　　　□ 4. 教学课件——习题　　　□
三、困惑与建议

项目五　演示文稿的制作

任务九　教学课件的制作（二）

一、任务导入

设置目录页条目的超链接，以便在授课时能方便地跳转至相应的条目进行教学，如图 5-14 所示。

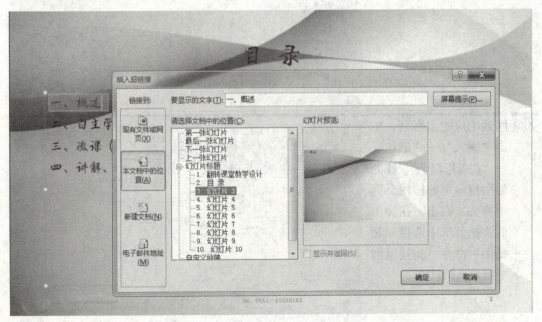

图 5-14　教学课件截图

109

二、任务实施

步骤	说明或截图
1 选中目录页，逐个条目选中，右击，在弹出的快捷菜单中选择"超链接"命令。	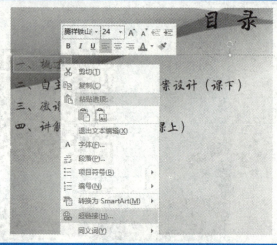
2 单击链接到"本文档中的位置"，再单击相应的幻灯片，完成条目的"超链接"设置。	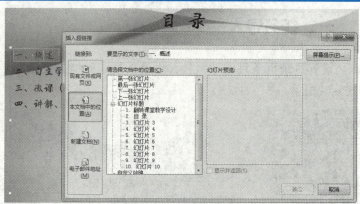
3 回到相应的内容页，单击"插入"→"形状"→"右弧形箭头"，作为返回目录页的按钮；选中箭头，右击，在弹出的快捷菜单中选择"超链接"命令，将其返回至目录页幻灯片。	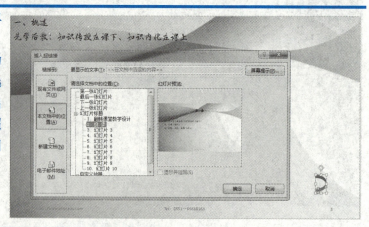

项目五　演示文稿的制作

步　骤	说明或截图
4　经过第 2 步和第 3 步的设定，完成了目录页至内容页的链接跳转，此时可将带链接的"右弧形箭头"复制到其他各个内容页。	
5　在 PPT 中可插入 3 种类型的音频文件：联机音频、PC 上的音频和录制音频，具体方法如下。单击"插入"→"音频"按钮，如果要是将音频文件作为背景音乐，则必须是在第一张幻灯片上插入音频，并设置成"跨幻灯片播放"。	

三、任务拓展

外部超链接设置，具体操作步骤如下：

步　骤	说明或截图
1　选中要链接的对象，右击，在弹出的快捷菜单中选择"超链接"命令，打开相应的对话框。	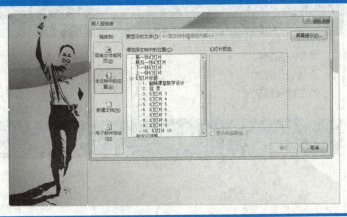

步 骤	说明或截图
2. 单击对话框中的"现有文件或网页"按钮,在"地址"栏中输入网址,单击"确定"按钮,完成外部超链接设置。	
3. 按 F5 功能键,从头开始播放 PPT,当鼠标指向超链接对象的,可看到链接的网址,单击就可进行链接跳转。	

 学习任务单

一、学习方法建议
观看微课→预操作练习→听课(老师讲解、示范、拓展)→再操作练习→完成学习任务单
二、学习任务
1. 对象→超链接 ☐ 2. 背景音乐设置 ☐ 3. 外部链接设置 ☐
三、困惑与建议

项目五　演示文稿的制作

任务十　教学课件的制作（三）

一、任务导入

将动画、视频文件插入 PPT 中，可大大丰富 PPT 的内容，提升其档次和品质，如图 5-15 所示。

图 5-15　教学课件截图

113

二、任务实施

步骤	说明或截图
1 单击"插入"→"视频"按钮，可将 PC 上的视频或联机视频文件插入当前页面中，视频文件的格式可以是 MP4、WMV、AVI 等。	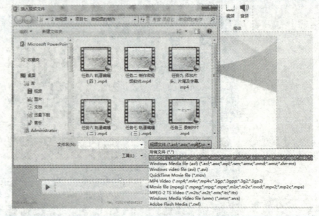
2 对于 Flash 制作的 SWF 格式的动画文件，插入的方法如下。 （1）将 SWF 文件与演示文稿放在同级目录中。 （2）单击"文件"→"选项"按钮，打开相应的对话框。	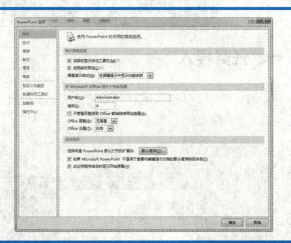
（3）单击"自定义功能区"按钮，将"开发工具"项选中，此时菜单上就增添了"开发工具"一栏。	

项目五 演示文稿的制作

步　骤	说明或截图
	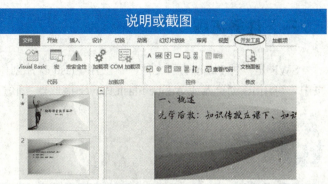
（4）单击"开发工具"→"控件"→"其他控件"按钮，找到"Shockwave Flash Object"控件，在画面上绘制方框。	
（5）右击，选择下拉菜单中的"属性表"，在"Movie"项中输入 SWF 动画的文件名和扩展名，在"EmbedMovie"项中选择"True"，从而完成动画文件的插入。	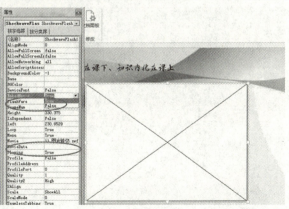

三、任务拓展

SWF 是一种 Flash 动画文件，一般用 Flash 软件创作并生成。SWF 动画通常是嵌入在网页中，可用 IE 浏览器或 Adobe Flash Player 播放器关联打开。

学习任务单

一、学习方法建议	
观看微课→预操作练习→听课（老师讲解、示范、拓展）→再操作练习→完成学习任务单	
二、学习任务	
1. 插入视频	☐
2. 添加"开发工具"菜单	☐
3. 其他控件→Flash Object	☐
4. Flash Object→属性	☐
三、困惑与建议	

项目六 数码照片的处理

 任务一 基本处理(一)

微课

观看本任务微课视频
扫一扫二维码

一、任务导入

ACDSee 是一款功能强大的数码相片管理软件，应用广泛、上手快，如图 6-1 所示。

图 6-1　用 ACDSee 打开一幅图

二、任务实施

步　骤	说明或截图
1 用 ACDSee 打开一张待修复的数码相片，如逆光照。	
2 单击"修改"→"曝光"→"亮度"菜单项，打开相应的编辑面板，此时，可对曝光度、对比度、填充光线三个选项进行调节，单击"完成"按钮返回主界面。	

118

项目六 数码照片的处理

步　　骤	说明或截图

3 单击"修改"→"曝光"→"曲线"菜单项,打开相应的编辑面板,此时,可对曲线进行调节,单击"完成"按钮,返回主界面。	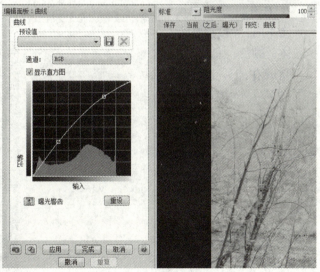

119

三、任务拓展

用 ACDSee 可在照片上添加文字，操作步骤如下：

步　骤	说明或截图
1 单击"编辑任务工具"→"添加文本"按钮，打开"添加文本"编辑面板。	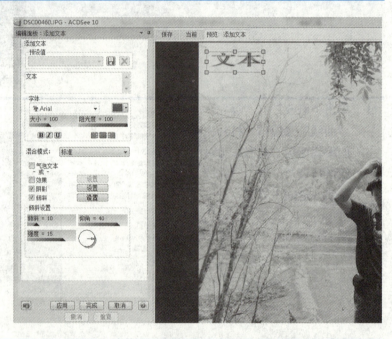
2 在编辑面板中输入文本内容，设置好字体、颜色、大小等，完成在图片上添加文字。	

项目六 数码照片的处理

学习任务单

一、学习方法建议

观看微课→预操作练习→听课（老师讲解、示范、拓展）→再操作练习→完成学习任务单

二、学习任务

1. 数码照片→亮度调整　　☐
2. 数码照片→曲线调整　　☐
3. 数码照片→添加文字　　☐

三、困惑与建议

任务二　基本处理（二）

观看本任务微课视频
扫一扫二维码

一、任务导入

照片在拍摄时常常会遇到逆光，面部暗黑等，如图 6-2 所示。

图 6-2 待修复照片

二、任务实施

步骤	说明或截图
1 用 ACDSee 打开一张待修复的数码相片，如面部暗黑。	
2 单击"修改"→"曝光"→"阴影/高光"菜单项，打开编辑面板，用鼠标在要调亮的区域上单击，此时画面将自动调亮。然后再调节"调亮"、"调暗"两个选项，直到满意为止，再单击"完成"按钮，即可完成"背光"相片的处理。	

步　骤	说明或截图
3　单击"修改"→"裁剪"菜单项，打开编辑面板，在其上可设定：限制裁剪比例、宽度、高度等选项，单击"完成"按钮，即可对指定区域、按设定的大小完成相片的裁剪。	
4　单击"修改"→"调整大小"菜单项，打开编辑面板，在其上可设定：宽度、高度、百分比等，单击"完成"按钮，重新调整相片大小。	

三、任务拓展

用 ACDSee 批量调整图像大小，操作步骤如下。

步　骤	说明或截图
1　用 ACDSee 打开一个图像文件夹，可看到一批图片的缩略图。	

计算机应用基础

步　骤	说明或截图
❷ 选定这一批图片，单击"批量调整图像大小"按钮，在弹出的对话框中选中"以像素计的大小"、给定"宽度"的值、保持原始的纵横比，最后单击"开始调整大小"按钮，完成"批量调整图片大小"操作。	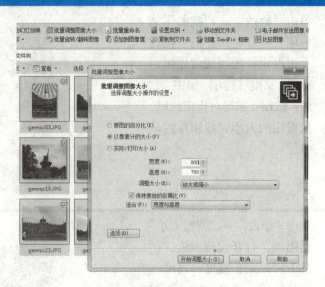

学习任务单

一、学习方法建议

观看微课→预操作练习→听课（老师讲解、示范、拓展）→再操作练习→完成学习任务单

二、学习任务

1. 数码照片→阴影/高光调整　　☐
2. 数码照片→裁剪　　☐
3. 数码照片→批量调整大小　　☐

三、困惑与建议

124

项目六 数码照片的处理

任务三 基本处理（三）

一、任务导入

对有缺陷的相片通常要进行修复操作，如去除水印、LOGO 标记等，如图 6-3 所示。

图 6-3 包含水印标记的图片

125

二、任务实施

步　骤	说明或截图
1 用 ACDSee 打开一张包含水印标记的数码相片，如图右下方所示。	
2 单击"修改"→"相片修复"菜单项，打开相应的编辑面板，其中有"笔头宽度"、"羽化"两个选项，"修复"、"克隆"两个工具也位于其中。	
3 使用这两个工具时，首先要用鼠标右键单击图像以定义来源点，然后就可用工具对要修复的区域进行绘制，单击"完成"按钮，完成对相片的修复。	

修复与克隆的区别：前者在复制源像素时对目标区域像素进行混合，后者则是直接复制源像素。

三、任务拓展

项目六　数码照片的处理

用 ACDSee 消除相片的"红眼",操作步骤如下。

步　　骤	说明或截图
1　用 ACDSee 打开一张包含有"红眼"的图片。	
2　单击"修改"→"红眼消除"菜单项,打开相应的编辑面板,用鼠标在"红眼"处单击,即可将红眼消除,单击"完成"按钮,完成制作。	

　学习任务单

一、学习方法建议
观看微课→预操作练习→听课(老师讲解、示范、拓展)→再操作练习→完成学习任务单
二、学习任务
1. 数码照片→相片修复→修复　　□ 2. 数码照片→相片修复→克隆　　□ 3. 数码照片→红眼消除　　□
三、困惑与建议

127

任务四 色彩处理

一、任务导入

通常需要对旧照片的颜色进行设置以及对图片的色偏进行校正,如图6-4所示。

图6-4 包含水印标记的图片

项目六　数码照片的处理

二、任务实施

步　骤	说明或截图
1　单击"修改"→"更改色深"菜单项，在其中可设定相片的黑白、256 阶灰度、真彩色等模式，以适应图片在不同应用场合中的需要。	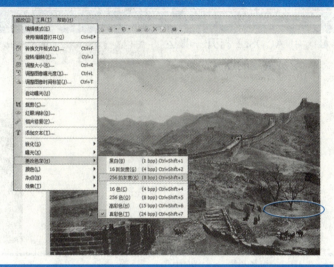
2　单击"修改"→"颜色"菜单项，在其中可对相片做如下设定。 （1）自动：调整图像的色阶。 （2）RGB：调整图像的红、绿、蓝颜色值。 （3）色偏：删除图像中不需要的色调。 （4）HSL：调整图像的色调、饱和度、亮度。	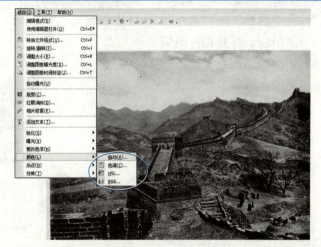 

三、任务拓展

用 ACDSee 可对图像进行特殊效果处理,如将跳远的沙坑设置成水面,操作步骤如下:

步　　骤	说明或截图
1　用 ACDSee 打开一张运动员跳远的图片。	
2　单击"修改"→"效果"→"自然"→"水面"菜单项,打开相应的编辑面板,调整"位置"的值,再单击"完成"按钮,完成制作。	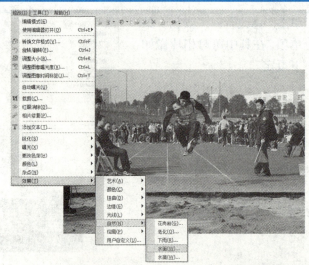 

项目六　数码照片的处理

学习任务单

一、学习方法建议
观看微课→预操作练习→听课（老师讲解、示范、拓展）→再操作练习→完成学习任务单
二、学习任务
1. 数码照片→更改色深　　□ 2. 数码照片→颜色调整　　□ 3. 数码照片→色偏校正　　□ 4. 数码照片→水面特效　　□
三、困惑与建议

任务五　效果处理

一、任务导入

常见的图片特殊效果处理有很多方法，如抽线条图、铅笔画、浮雕效果等，如图6-5所示。

131

图 6-5　浮雕效果图

二、任务实施

步　骤	说明或截图
1　用 ACDSee 打开一幅图片，单击"修改"→"效果"→"艺术"→"百叶窗"菜单项，在编辑面板中设定："叶片宽度"为 1~2，"角度"为 90，从而制作出抽线条图效果。	 

项目六　数码照片的处理

步　骤	说明或截图
② 用ACDSee打开一幅图片，单击"修改"→"颜色"→"HSL"菜单项，将"饱和度"的值调整为-100，即完成"去色"效果。 再单击"修改"→"效果"→"绘画"→"铅笔画"菜单项，得到铅笔画草稿。	 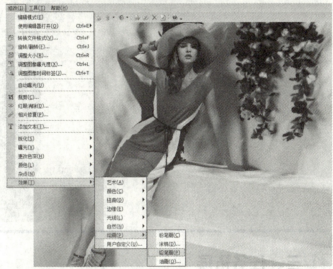
③ 单击"修改"→"曝光"→"色阶"菜单项，调整"阴影"和"中间调"的值，单击"完成"按钮，得到"铅笔画"图像。	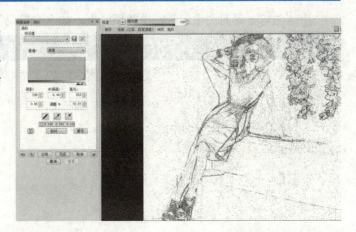

133

步骤	说明或截图
④ 用 ACDSee 打开一幅图片，单击"修改"→"颜色"→"HSL"菜单项，将"饱和度"的值调整为-100，即完成"去色"效果。 再单击"修改"→"效果"→"艺术"→"浮雕"菜单项，调整仰角、深浅、方位的值，得到浮雕效果图。	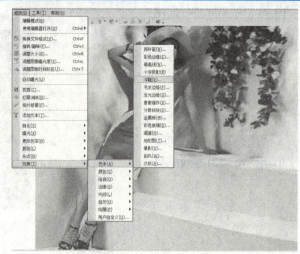 

三、任务拓展

用 ACDSee 可对图像进行特殊效果处理，如水滴效果设置，操作步骤如下：

步骤	说明或截图
① 用 ACDSee 打开一幅图片。	

项目六 数码照片的处理

步　骤	说明或截图
2 单击"修改"→"效果"→"自然"→"水滴"菜单项，打开相应的编辑面板，调整"密度"、"半径"和"高度"的值，再单击"完成"按钮，完成制作。	

  学习任务单

一、学习方法建议
观看微课→预操作练习→听课（老师讲解、示范、拓展）→再操作练习→完成学习任务单
二、学习任务
1. 数码照片→百叶窗特效　　☐ 2. 数码照片→去色　　☐ 3. 数码照片→浮雕特效　　☐ 4. 数码照片→水滴特效　　☐
三、困惑与建议

135

计算机应用基础

任务六 抠图

一、任务导入

抠图通常又称为"去背",是数码相片常见的一种处理方式,如图6-6所示。

图6-6 抠图

二、任务实施

步 骤	说明或截图
1 启动美图秀秀软件,单击"美化图片"按钮,再打开一张待处理的图片。	

项目六　数码照片的处理

步　骤	说明或截图

2　单击"抠图笔"工具，根据图片的具体情况，选择一种抠图模式：自动抠图、手动抠图或形状抠图，例如，自动抠图就是用抠图笔或删除笔在图片上随便画几道线即可将对象与背景分离。	 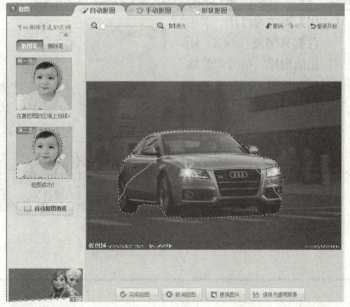

137

步骤	说明或截图
3 单击"完成抠图"按钮,从而实现对图片的"去背"处理。	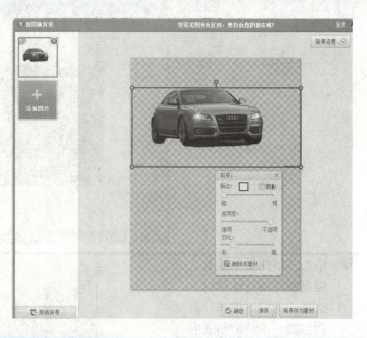

三、任务拓展

美图秀秀中的"消除笔"是去除图片中水印及 LOGO 的利器,具体使用的操作步骤如下。

步骤	说明或截图
1 用美图秀秀打开一张包含有文字及 LOGO 标记的图片,单击"消除笔"按钮,打开"消除笔"对话框。	

项目六 数码照片的处理

步　　骤	说明或截图
2　用鼠标在文字及LOGO标记上涂抹，即可将标记消失，再单击"应用"按钮，完成制作。	

 学习任务单

一、学习方法建议
观看微课→预操作练习→听课（老师讲解、示范、拓展）→再操作练习→完成学习任务单
二、学习任务
1. 自动抠图　　　　　　　　□ 2. 手动抠图　　　　　　　　□ 3. 形状抠图　　　　　　　　□ 4. 消除笔　　　　　　　　　□
三、困惑与建议

139

任务七　边框设置

一、任务导入

边框可以给图片带来装饰的美感，如图 6-7 所示。

图 6-7　图片边框

二、任务实施

步　骤	说明或截图
1　启动美图秀秀软件，单击"美化图片"按钮，再打开一张待加边框的图片。	

项目六　数码照片的处理

步　骤	说明或截图
❷ 单击"边框"标签，从边框面板的左边选中要设定的边框类型，如简单边框、轻松边框和撕边边框等；在边框面板的右边选中要设定的边框样式，如热门、新鲜和会员独享等，正中间可预览边框与图片结合效果。 最后单击"确定"按钮，完成图片边框的设置。	

三、任务拓展

美图秀秀中的"图片拼接"是将多张图片艺术地加以排列并以一个整体的形式出现，具体使用的操作步骤如下：

步　骤	说明或截图
❶ 启动美图秀秀软件，单击"拼图"标签，再单击"添加图片"按钮，添加一批图片准备拼贴。	
❷ 单击"全选"按钮，再单击"随机排版"按钮，这批图片将以不同的形式呈现，最后单击"确定"按钮，完成制作。	

141

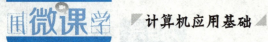

学习任务单

一、学习方法建议
观看微课→预操作练习→听课（老师讲解、示范、拓展）→再操作练习→完成学习任务单
二、学习任务
1. 简单边框　☐ 2. 轻松边框　☐ 3. 撕边边框　☐ 4. 图片拼接　☐
三、困惑与建议

 任务八　场景设置

一、任务导入

将图片置于不同的场景中，将得到炫丽的效果，如图 6-8 所示。

项目六　数码照片的处理

图 6-8　日历场景中的图片

二、任务实施

步　骤	说明或截图
1　启动美图秀秀软件，单击"场景"标签，再打开一张待处理的图片。	
2　从场景面板的左边选中要设定的场景类型，如静态场景中的逼真场景、拼图场景和日历场景等；在场景面板的右边选中要设定的场景样式，如热门、新鲜和会员独享等，正中间可预览场景与图片结合效果；最后单击"确定"按钮，完成图片置于场景的设置。	

143

三、任务拓展

浏览"美图秀秀"官网（http://xiuxiu.web.meitu.com/），掌握图片处理技术最新动态，如图 6-9 所示。

图 6-9　"美图秀秀"官网及网页版

学习任务单

一、学习方法建议
观看微课→预操作练习→听课（老师讲解、示范、拓展）→再操作练习→完成学习任务单
二、学习任务
1. 静态场景设置　　　　　　　　　　　　□ 2. 拼图场景设置　　　　　　　　　　　　□ 3. 日历场景设置　　　　　　　　　　　　□ 4. 上网了解图片处理技术最新动态　　　　□
三、困惑与建议

项目六　数码照片的处理

任务九　Photoshop 简介

一、任务导入

Photoshop 简称"PS",专业的平面设计软件,其作品比比皆是,如图 6-10 所示。

图 6-10　Photoshop 作品

145

二、任务实施

步　骤	说明或截图
① Photoshop（PS）界面构成。	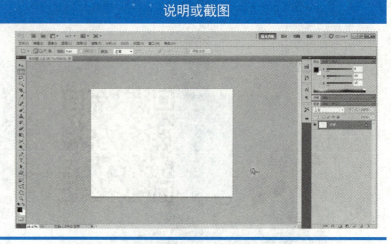
② Photoshop（PS）工具箱。	
③ Photoshop（PS）功能面板。	
④ Photoshop（PS）菜单栏。	

三、任务拓展

观摩一些优秀的 PS 设计作品，如图 6-11 所示。

立体飘带：钢笔、文字、移动

蓝色地球：渐变、通道、分层云彩、阈值、球面化

卷页：3D、立方体、KPT 滤镜

网页：切片、存储为 Web 和设备所用格式

图书封面设计：自由变换、图层蒙版

手提袋：钢笔、文字、自由变换

图 6-11 Photoshop 优秀作品展

学习任务单

一、学习方法建议
观看微课→预操作练习→听课（老师讲解、示范、拓展）→再操作练习→完成学习任务单
二、学习任务
1. 了解 Photoshop 界面组成　　☐ 2. 了解图层面板　　☐ 3. 了解通道面板　　☐ 4. 了解路径面板　　☐

三、困惑与建议

项目七　微视频的制作

 任务一　微视频设计

微课

观看本任务微课视频
扫一扫二维码

计算机应用基础

一、任务导入

2012 年后兴起的一种新型教学法——翻转课堂，就是基于微课（微视频），风靡全球的 MOOC 也是以微视频教学为核心，如图 7-1 所示。

图 7-1 MOOC 截图

二、任务实施

步　骤	说明或截图
① 微课的概念。	近年来，随着互联网技术的迅猛发展，以微课（Microlecture）、慕课（MOOC）等为代表的教育技术备受瞩目。微课：微型视频网络课程。
② MOOC 的概念。	大型开放式网络课程，即 MOOC（Massive Open Online Courses）。2012 年，美国的顶尖大学陆续设立网络学习平台，在网上提供免费课程，Coursera、Udacity、edX 是当今世界顶级 MOOC 的三驾马车。
③ 微课特点。	微课的内容微观且简明，它是在 10 分钟以内完整地呈现出教师针对某个知识点、技能点的教学，包括任务导入、任务实施、任务拓展、作业布置等传统教学环节。
④ 微课设计。	分为两个方面：脚本设计、教学资源设计。
⑤ 脚本设计。	（1）片头：由题目、作者等信息构成，力求直观、明了。 （2）讲解。 第一步：任务导入，力求开门见山、新颖、紧凑，时间控制在 10 秒以内。 第二步：任务实施的讲授过程，力求线索清晰、简洁、高效，时间控制在 9 分钟以内。

项目七 微视频的制作

步　骤	说明或截图
	第三步：任务拓展、梳理总结、作业布置等，力求快捷、点睛，时间控制在1分钟以内。 （3）片尾：由作者、单位、图片、音乐、日期等信息构成。
⑥ 教学资源设计。	微课的教学资源属于非视频部分，与微课配合使用，其主要构成有微课件、微教案、微习题、微反思。 例如，在微反思部分做自我评价，指出亮点、败笔及偶得。

三、任务拓展

二维码设计，操作步骤如下：

步　骤	说明或截图
① 首先将微视频上传，得到相应的访问网址。	
② 打开一个将网址生成为二维码的网页。 　　输入网址，再单击"生成二维码"按钮，在右侧可得到与输入网址所对应的二维码。	

151

▶计算机应用基础◀

学习任务单

一、学习方法建议
观看微课→预操作练习→听课（老师讲解、示范、拓展）→再操作练习→完成学习任务单
二、学习任务
1. 微视频（微课）　　　　　　　　　　　　□ 2. MOOC　　　　　　　　　　　　　　　　□ 3. 微课教学设计　　　　　　　　　　　　　□ 4. 生成二维码　　　　　　　　　　　　　　□
三、困惑与建议

任务二　制作微视频软件

一、任务导入

目前制作微视频（微课）的软件很多，如 Adobe Captivate、Corel 会声会影和 TechSmith Camtasia Studio，这里以功能全面且强大的 Camtasia Studio 软件为例介绍，如图 7-2 所示。

152

图 7-2　Camtasia Studio 工作界面

二、任务实施

步　骤	说明或截图
❶ Camtasia Studio 8 的安装（断网状态下）。	
❷ Camtasia Studio 8 启动界面组成。	
❸ Camtasia Studio 8 录屏功能。	
❹ Camtasia Studio 8 录 PPT 功能。	

三、任务拓展

在 Camtasia Studio 8 中可导入的媒体有三类：图像（.jpg 等）、音频（.mp3 等）、视频（.mp4 等），操作步骤如下：

步　　骤	说明或截图
❶ 导入媒体的方法之一。 　　在 Camtasia Studio 启动时所显示的对话框中单击"导入媒体"按钮。	
❷ 导入媒体的方法之二。 　　在 Clip Bin（剪辑箱）上方的空白区右击，在弹出的快捷菜单中选择"导入媒体"命令。	

学习任务单

一、学习方法建议
观看微课→预操作练习→听课（老师讲解、示范、拓展）→再操作练习→完成学习任务单
二、学习任务
1. Camtasia Studio 8 安装　　　　　　　　　□ 2. 打开录屏功能面板　　　　　　　　　　　□ 3. 打开录 PPT 功能面板　　　　　　　　　　□ 4. 在 Camtasia Studio 中导入三类媒体　　　□
三、困惑与建议

项目七　微视频的制作

任务三　录制 PPT

一、任务导入

观摩一个 PPT 录制型微课，如图 7-3 所示。

图 7-3　PPT 录制型微课截图

二、任务实施

步　骤	说明或截图
1　打开一个已设计好的 PPT 演示文稿。	
2　单击"加载项"→"录制"按钮，运行 PPT 并准备录制。	
3　单击"点击开始录制"按钮开始录制。	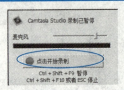
4　按 Esc 键停止录制并准备生成录像。	

项目七 微视频的制作

步骤	说明或截图
5 以指定的尺寸、指定的格式保存录制结果。	

三、任务拓展

在 Camtasia Studio 8 中自定义录像的尺寸和格式，操作步骤如下。

步骤	说明或截图
1 在进入"生成向导"对话框中，选择"自定义生成设置"，再单击"下一步"按钮。	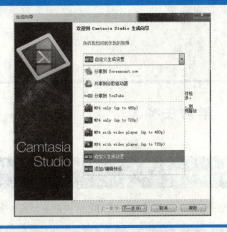
2 选择默认的视频文件格式.MP4，再单击"下一步"按钮。	

157

步　骤	说明或截图
3　单击"大小"标签,视频大小的"宽度"处输入"1366",再单击"下一步"按钮三次。	
4　进入"生成向导"的最后一步,单击"完成"按钮,开始进入"渲染"项目,等进度条至100%时,完成制作。	 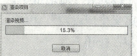

学习任务单

一、学习方法建议
观看微课→预操作练习→听课(老师讲解、示范、拓展)→再操作练习→完成学习任务单
二、学习任务
1. 打开 PPT,找到加载项　　　　　　　　　　　　□ 2. 单击"录制"按钮,进入 PPT 录制　　　　　　　□ 3. 按 Esc 键结束 PPT 录制,进入"生成向导"　　　□ 4. 指定生成的视频文件格式及尺寸　　　　　　　□
三、困惑与建议

项目七　微视频的制作

任务四　录制屏幕

一、任务导入

由作者主讲的《用微课学·计算机应用基础》绝大多数都是用 Camtasia Studio 8 录制屏幕完成的,如图 7-4 所示。

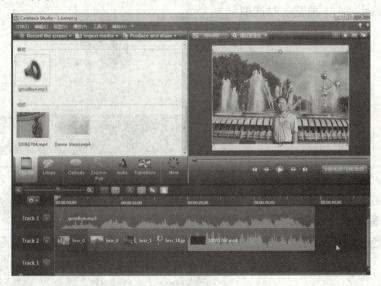

图 7-4　屏幕录制型微课截图

159

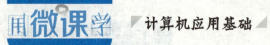

二、任务实施

步　骤	说明或截图
1　启动 Camtasia Studio 8，单击"录制屏幕"（Record the Screen）按钮。	
2　选择录制区域（Select Area），单击红色的"rec"（录制）按钮或按 F9 功能键开始录制。	
3　录制完毕，按 F10 功能键停止录制，出现"Preview"（预览）对话框。	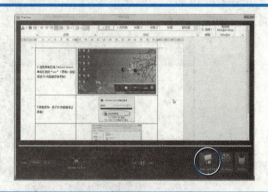
4　单击"存储和编辑（Save and Edit）"按钮，进入 Camtasia Studio 8 的编辑界面，此时，可设定影片尺寸、背景颜色、摄像头的位置等。	

步骤	说明或截图
5 编辑完成,单击"文件"→"生成并共享"菜单项,进入"生成向导"。	
6 选择:自定义生成设置、指定影片的格式、尺寸等,渲染后生成影片。	

三、任务拓展

除了 Camtasia Studio 之外,Adobe Captivate 也是不错的微视频制作软件,其操作方式、编辑界面均与人们熟悉的 Adobe Photoshop 类似,如图 7-5 所示。

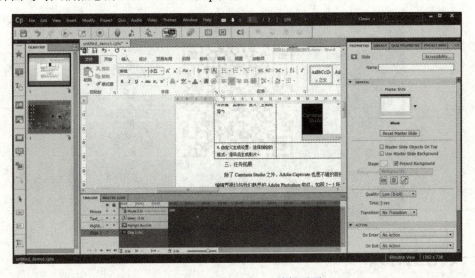

图 7-5　Adobe Captivate 编辑画面

计算机应用基础

学习任务单

一、学习方法建议
观看微课→预操作练习→听课（老师讲解、示范、拓展）→再操作练习→完成学习任务单
二、学习任务
1．启动 Camtasia Studio 8，单击"录制屏幕"按钮，进入录屏　　☐ 2．选择录制区域，并调整好摄像头及麦克风　　☐ 3．按 F9 功能键开始录制　　☐ 4．录制完毕，按 F10 功能键结束录制，进入编辑状态　　☐ 5．按指定的视频文件格式及尺寸生成影片　　☐
三、困惑与建议

任务五　轨道编辑（一）

一、任务导入

观摩一个用 Camtasia Studio 8 所制作的电子相册，如图 7-6 所示。

项目七 微视频的制作

图 7-6　电子相册截图

二、任务实施

步　　骤	说明或截图
1　启动 Camtasia Studio 8，首先导入一组图片，如 JPG 格式的文件。	
2　然后导入音频，如 MP3 格式的文件。	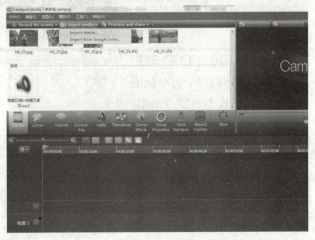

163

步骤	说明或截图
3 最后导入视频,如 MP4 格式的文件。	
4 三类素材准备完成后,可将要编辑的媒体从剪辑箱(Clip Bin)拖至轨道(Track)并按顺序排列好。影片的尺寸大小、背景色等全部采用"默认值"。	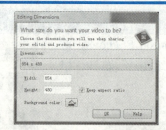 
5 图片、视频可放于同一轨道之上,音频则放于另一轨道上,编辑后作为背景音乐用。	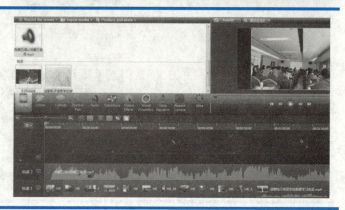

三、任务拓展

在 Camtasia Studio 8 中，可对视频、音频、图片文件进行多段切割，具体操作步骤如下：

步　　骤	说明或截图
1 选定一段视频，拖动播放头至指定的位置，按下"S"键（Split），完成分割，如将视频在 1∶20 秒处分割。	
2 将播放头移至 1∶30 秒处，按下"S"键（Split），继续分割，以此类推。 注：可用键盘上的左右方向键，对时间刻度进行"微调"。	

学习任务单

一、学习方法建议
观看微课→预操作练习→听课（老师讲解、示范、拓展）→再操作练习→完成学习任务单
二、学习任务
1. 启动 Camtasia Studio 8，导入图片 ☐ 2. 导入视频 ☐ 3. 导入音频 ☐ 4. 在轨道上排列好各个媒体 ☐ 5. 对选定的媒体进行多段分割 ☐
三、困惑与建议

任务六　轨道编辑（二）

观看本任务微课视频
扫一扫二维码

一、任务导入

观察图片、视频等媒体在转切时出现的百叶窗、滚轮等动态效果，如图 7-7 所示。

项目七　微视频的制作

图 7-7　媒体的"转场"效果

二、任务实施

步　　骤	说明或截图
① 单击"Transitions"(转场)按钮,出现各类预设的"转场"按钮,双击按钮,可预览转场(Transitions)效果。	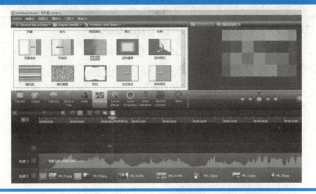
② 按住某一个预设的"转场"按钮,将其拖至轨道(Track)的两两媒体结合处,即可完成"转场"效果设置。	
③ 在两两媒体的结合处单击鼠标右键,出现弹出菜单,选择其中的"删除"命令,即可将已设定的"转场"效果删除。	

三、任务拓展

选定媒体对象之后，右击，出现相应的功能菜单，汇总如下。

步　骤	说明或截图
1　选定图片对象，右击，出现功能菜单，其上可选择设置图片在场景中的"持续时间"，通过"更新媒体"实现对图片的更换等。	
2　选定音频对象，右击，出现功能菜单，其上可选择通过"编辑音频"，对音量大小进行调整，通过"更新媒体"对音频进行更换。	
3　选定视频对象，右击，出现功能菜单，其上可通过"编辑音频"，对音量大小进行调整，通过"独立视频和音频"对视频和音频进行"分离"。	

项目七 微视频的制作

学习任务单

一、学习方法建议
观看微课→预操作练习→听课（老师讲解、示范、拓展）→再操作练习→完成学习任务单
二、学习任务
1. 在图片之间设置"转场"效果　　　　　　　　　□ 2. 在视频之间设置"转场"效果　　　　　　　　　□ 3. 在图片和视频之间设置"转场"效果　　　　　　□ 4. 删除"转场"效果　　　　　　　　　　　　　　□ 5. 选定视频对象，"分离"视频和音频　　　　　　□
三、困惑与建议

任务七　轨道编辑（三）

一、任务导入

观摩常见到的图片缩放或摇摄动画效果，如图 7-8 所示。

169

图 7-8 "Zoom and Pan"(变焦和摇摄)截图

二、任务实施

步　　骤	说明或截图
① 将图片拖曳至轨道(Track)并按顺序排列好。	
② 双击某一图片,将播放头移至图片的最左侧,再单击"Zoom and Pan"(变焦和摇摄)按钮,调整图片的"尺寸"大小,完成一段动画的设置。 注:每一段动画均是以一段箭线表示,箭线的长短代表了动画的时间。	
③ 移动播放头至图片上新的位置,再次调整图片的"尺寸"大小,完成另一段动画设置。	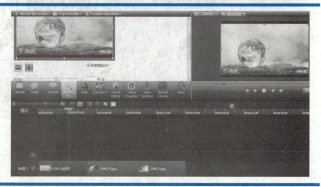

步骤	说明或截图
4 在同一个图片上可设定多段的动画效果，如开始时"从小至大"，结束时"从大到小"等。	

三、任务拓展

变焦和摇摄（Zoom and Pan）的高级操作是视觉特性（Visual Properties），这点在双击动画箭线时能得到验证，如图 7-9 所示。

图 7-9　双击动画箭线画面

学习任务单

一、学习方法建议
观看微课→预操作练习→听课（老师讲解、示范、拓展）→再操作练习→完成学习任务单
二、学习任务
1. 在轨道上导入并排列好媒体　　　　　　　　　　　　　　□ 2. 选定对象，添加一段 Zoom and Pan 动画箭线　　　　　□ 3. 设置"从小至大"动画箭线　　　　　　　　　　　　　□ 4. 设置"从大至小"动画箭线　　　　　　　　　　　　　□ 5. 双击动画箭线，查看 Visual Properties 属性　　　　　　□
三、困惑与建议

任务八 轨道编辑(四)

一、任务导入

观察图片的尺寸、不透明度、位置、旋转等属性变化效果,这些都能在视觉特性(Visual Properties)中加以设定,如图7-10所示。

图7-10 "Visual Properties"(视觉特性)截图

二、任务实施

步　骤	说明或截图
1 将图片拖曳至轨道(Track)并按顺序排列好。	

步　骤	说明或截图
2 双击某一图片，将播放头移至图片的最左侧，再单击"Visual Properties"（视觉特性）按钮，再单击"添加动画"按钮，添加一段动画至图片上。	
3 拉长图片上动画箭线，移动播放头至箭线的首尾，分别设定好图片的尺寸、不透明度、位置、旋转等不同属性，即可完成图片上的一段动画制作。	 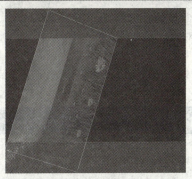
4 在同一个图片上可设定多段的动画效果，如开始时"从小至大、从淡至现"，结束时"从大到小、从现至淡"等。	

三、任务拓展

图片的尺寸、不透明度、位置、旋转等动画的综合属性设定，如图 7-11 所示。

计算机应用基础

图 7-11　图片的属性设定

学习任务单

一、学习方法建议
观看微课→预操作练习→听课（老师讲解、示范、拓展）→再操作练习→完成学习任务单
二、学习任务
1. 在轨道上导入并排列好图片　　　　　　　　　　　　　　　　　　□ 2. 选定对象，添加一段"Visual Properties"动画箭线　　　　　□ 3. 设置"从小至大、从淡至现"动画箭线　　　　　　　　　　　□ 4. 设置"从大至小、从现至淡"动画箭线　　　　　　　　　　　□ 5. Visual Properties 综合属性设置　　　　　　　　　　　　　　□
三、困惑与建议

任务九　添加片头、片尾及字幕

174

项目七　微视频的制作

一、任务导入

观摩一个完整的微课实例，了解微课的三段构成，如图 7-12 所示。

图 7-12　片头、片尾及字幕

二、任务实施

步　骤	说明或截图
1　完成媒体导入及动画设计。	
2　单击"Library"（库）按钮，打开预设的若干音乐（Music）、主题（Theme）和标题（Title）库文件夹。	
3　展开库中的文件夹，将动画标题（Animated Title）或基本标题（Basic Title）拖至轨道（Track），调整好各对象相应的位置。 双击标题（Title）项目，可对其中的文本属性进行编辑，从而完成片头、片尾制作。	 

175

步骤	说明或截图
4　单击"Callouts"(外观标注)按钮，打开相应的功能面板，选择一种预设的"形状"，然后单击"添加标注"按钮，即可将预设的标注添加至轨道(Track)。 双击"标注"，可对其中的文本属性进行编辑，编辑好文本后可将其调整至相应的位置、设置好持续的时间，完成制作。	

三、任务拓展

"Callouts"(外观标注)功能面板对象形状、属性设定，操作步骤如下。

步骤	说明或截图
1　单击"Callouts"(外观标注)按钮，打开相应的功能面板，单击"形状"方框右边第三个箭头按钮，展开在"标注"中预设的全部形状。	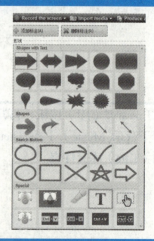
2　拖动"Callouts"(外观标注)窗口右侧的滚动条，可看到边框、填充、效果、文本、属性等设定区域。	

项目七　微视频的制作

学习任务单

一、学习方法建议
观看微课→预操作练习→听课（老师讲解、示范、拓展）→再操作练习→完成学习任务单
二、学习任务
1. 打开"Library"（库）面板，浏览其上的组成　□ 2. 添加片头　□ 3. 添加片尾　□ 4. 添加标识（字幕）　□ 5. 设置"Callouts"（外观标注）形状及属性　□
三、困惑与建议

任务十　生成并共享

177

一、任务导入

在 Camtasia Studio 8 中,可导入、导出的视频文件格式主要是 MP4、WMV、AVI 等,如图 7-13 所示。

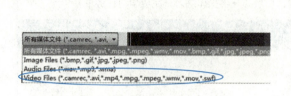
（a）导入

（b）导出

图 7-13　导入、导出的视频文件格式

二、任务实施

步　骤	说明或截图
① 在 Camtasia Studio 8 中完成微课、微视频的编辑。	
② 单击"文件"→"生成并共享"菜单项,进入影片的"生成向导"。	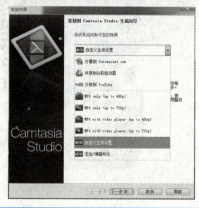

步骤	说明或截图
3 选择"自定义生成设置"项，指定生成的视频文件格式（MP4、WMV 或 AVI 等），进行影片播放的控制界面及尺寸大小设置，添加作者和版权信息，指定影片的名称，渲染项目，生成影片。	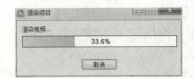
4 背景音乐的添加。 （1）导入媒体→音频文件。 （2）拖至轨道→按影片的长度分割或重复音频。 （3）单击"Audio"（音频）按钮，调节音量大小并可设定声音的淡入、淡出效果。 （4）对影片重新渲染。	

三、任务拓展

利用格式工厂（Format Factory）等软件完成视频文件格式转换，操作步骤如下。

步骤	说明或截图
1 启动"格式工厂"软件。	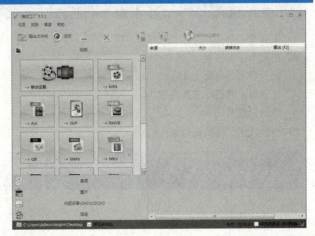

步骤	说明或截图
2 将需要转换的视频文件拖曳至右边的空白窗口，弹出输出配置对话框，设定好要输出的文件格式、输出文件夹等，再单击"确定"按钮。	
3 单击"开始"按钮，开始进行视频文件格式转换，例如，从 FLV 转换至 MP4 格式，当转换状态进度条至 100%时，完成视频的格式转换。	

 学习任务单

一、学习方法建议
观看微课→预操作练习→听课（老师讲解、示范、拓展）→再操作练习→完成学习任务单
二、学习任务
1. 生成并共享　　　　　　　　　　　□ 2. 自定义生成设置　　　　　　　　　□ 3. 设置导出的视频文件格式　　　　　□ 4. 设置导出的视频文件宽度　　　　　□ 5. 添加背景音乐　　　　　　　　　　□ 6. 用格式工厂转换视频文件格式　　　□
三、困惑与建议

项目八　小型办公室或家庭网络的组建

 任务一　Windows 7 网络连接

微课

观看本任务微课视频
扫一扫二维码

一、任务导入

当计算机操作系统启动成功后,最重要的一件事就是让它可以连接到互联网,如图 8-1 所示。

图 8-1 网页截图

二、任务实施

步　　骤	说明或截图
1 单击任务栏上的"开始"按钮,在"搜索程序和文件"对话框中输入"ncpa.cpl",出现相应的程序文件,单击即可打开"网络连接"窗口。	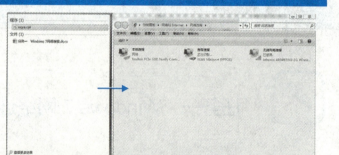
2 单击任务栏上的"开始"→"控制面板"→"网络和Internet"→"网络和共享中心"→"更改适配器设置"按钮,打开"网络连接"窗口。	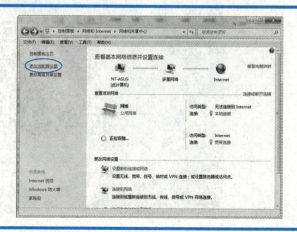

步　　骤	说明或截图
3　单击任务栏右下角上的"网络"图标，在弹出的窗口中单击"打开网络和共享中心"按钮，再单击左侧的"更改适配器设置"按钮，打开"网络连接"窗口。	

三、任务拓展

了解"网络"连接窗口中的内容，在"网络连接"窗口中，通常包括三个部分：本地连接（有线网络）、宽带连接（DSL）、无线网络连接（WiFi），如图 8-2 所示。

图 8-2 "网络连接"窗口

 学习任务单

一、学习方法建议
观看微课→预操作练习→听课（老师讲解、示范、拓展）→再操作练习→完成学习任务单
二、学习任务
1. 用"ncpa.cpl"命令打开"网络连接"窗口　　　☐ 2. 用控制面板打开"网络连接"窗口　　　☐ 3. 用"网络"图标打开"网络连接"窗口　　　☐ 4. "网络连接"窗口的组成　　　☐
三、困惑与建议

任务二　网络连接配置

一、任务导入

ADSL 是一种通过现有普通电话线为家庭、办公室提供宽带数据传输服务的技术，也是目前最常用的一种网络连接方式之一，如图 8-3 所示。

图 8-3　网络连接配置

二、任务实施

步　骤	说明或截图
1　单击"网络"图标，在打开的对话框中单击"打开网络和共享中心"链接。	

项目八　小型办公室或家庭网络的组建

步　　骤	说明或截图
② 单击"更改网络设置"→"设置新的连接或网络"链接，选择"连接到 Internet"，然后单击"下一步"按钮。	
③ 在选择一个连接选项中，选择"宽带 PPPoE"，使用需要用户名和密码的 DSL 或电缆连接，然后单击"下一步"按钮。	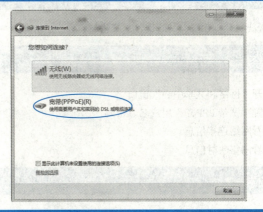
④ 输入上网所需要的用户名、密码，再单击"连接"按钮，完成 ADSL 网络连接设置。	

三、任务拓展

在"网络和共享中心"窗口中单击"连接或断开连接"链接，可查看网络连接信息；单击"查看完整映射"链接，可查看网络映射信息，如图 8-4 所示。

185

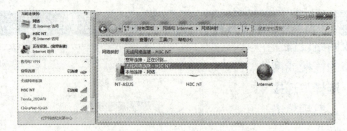

图 8-4　网络连接、网络映射信息

学习任务单

一、学习方法建议
观看微课→预操作练习→听课（老师讲解、示范、拓展）→再操作练习→完成学习任务单
二、学习任务
1. 打开"网络和共享中心"窗口　　　　　　　　　　　　　　□ 2. 设置"宽带PPPoE"用户名、密码　　　　　　　　　　　□ 3. 查看网络连接信息　　　　　　　　　　　　　　　　　□ 4. 查看网络映射信息　　　　　　　　　　　　　　　　　□
三、困惑与建议

任务三　查看和设置 IP 地址

186

项目八 小型办公室或家庭网络的组建

一、任务导入

在一些特定的网络环境中，必须设置 IP 地址才能完成到 Internet 的连接，如图 8-5 所示。

图 8-5　IPv4 属性

二、任务实施

步　骤	说明或截图
① 查看本机的 IP 地址，通常有两种方法。 （1）单击任务栏上的"开始"按钮，在"搜索程序和文件"框中输入："CMD"命令，打开一个对话框，再输入"IPCONFIG"命令，即可查看本机的 IPv4 地址等信息。 （2）单击任务栏右下角的"网络"图标，再单击"打开网络和共享中心"链接，单击"查看活动网络"→"访问类型：Internet 连接"，打开"网络连接状态"对话框，再单击"详细信息"标签，即可查看本机的 IPv4 地址等信息。	 
② 单击任务栏右下角上的"网络"图标，在弹出的窗口中单击"打开网络和共享中心"按钮，再单击左侧的"更改适配器设置"按钮，打开"网络连接"窗口。	

187

步　　骤	说明或截图
3 在相应的连接图标上右击，选择"属性"命令，双击"Internet 协议版本 4（TCP/IPv4）"条目，再输入相应的 IP 地址即可完成设置。	

三、任务拓展

IP 地址构成：在互联网(Internet)上有成千上百万台主机（host），为了区分这些主机，人们给每台主机都分配了一个专门的"地址"作为标识，称为 IP 地址。

IP 地址是由一个 4 段 8 位的二进制数所构成的，通常用"点分十进制"表示成 a.b.c.d 的形式，其中，a,b,c,d 都是 0～255 之间的十进制整数。例如，点分十进 IP 地址 100.4.57，实际上就是 32 位的二进制数 01100100.00000100.00000101.00000111。

学习任务单

一、学习方法建议
观看微课→预操作练习→听课（老师讲解、示范、拓展）→再操作练习→完成学习任务单
二、学习任务
1. 用命令方式查看本机的 IP 地址　　☐ 2. 用"详细信息"查看本机的 IP 地址　　☐ 3. 设置本机 IP 地址　　☐ 4. 了解 IP 地址构成规则　　☐
三、困惑与建议

项目八 小型办公室或家庭网络的组建

任务四 共享文件和打印机

一、任务导入

局域网范围内的资源共享设置，可大大节约成本，提高设备利用率，如图 8-6 所示。

图 8-6 网络打印机端口设置

189

二、任务实施

步骤	说明或截图
1 单击任务栏右下角"网络"图标,再单击"打开网络和共享中心"链接,打开"网络和共享中心"功能面板。	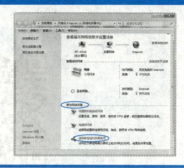
2 单击"更改网络设置"→"选择家庭组和共享选项"链接,打开"家庭组"功能面板。	
3 单击"更改高级共享设置"链接,打开"高级共享设置"功能面板,分两方面设置。 (1)家庭或工作(当前配置文件):启用网络发现、启用文件和打印机共享、启用密码保护的共享等。	
(2)公用:启用网络发现、启用文件和打印机共享、启用密码保护的共享等。	
4 单击"保存修改"按钮,完成"共享文件和打印机"设置。	

三、任务拓展

设置"文件和文件夹"共享,具体操作步骤如下。

步　骤	说明或截图
1　选定文件或文件夹,右击,在弹出的快捷菜单中选择"属性"命令,打开相应的对话框。	
2　单击"共享"标签,打开"网络文件和文件夹共享"设置面板。	
3　单击"高级共享"按钮,打开"高级共享"设置面板,此处,可输入文件夹的"共享名"。	
4　单击"权限"按钮,打开"共享权限"设置面板,此处可添加用户及分配权限。	
5　单击"确定"、"应用"按钮,完成"共享文件夹"的设置。	

计算机应用基础

 学习任务单

一、学习方法建议
观看微课→预操作练习→听课（老师讲解、示范、拓展）→再操作练习→完成学习任务单
二、学习任务
1. 打开"家庭组"功能面板　□ 2. 打开"高级共享设置"功能面板　□ 3. 配置"家庭或工作"　□ 4. 配置"公用"　□ 5. 设置"文件"共享　□
三、困惑与建议

任务五　设置 WiFi 热点

一、任务导入

如何让计算机变 WiFi 热点，手机、Pad 等均可连接，免费无线上网，如图 8-7 所示。

项目八　小型办公室或家庭网络的组建

图 8-7　计算机 WiFi 热点

二、任务实施

步　骤	说明或截图
1 安装 360 安全卫士软件，以 V10.0 版为例。	
2 单击任务栏右下角"360 安全卫士"图标，再单击"更多"按钮，在"全部工具"中找到"360 免费 WiFi"程序，单击进行安装，完成后桌面出现"360 免费 WiFi"图标。	
3 双击"360 免费 WiFi"图标，运行程序，输入 WiFi 名称及连接密码，完成 WiFi 热点设置。	

193

三、任务拓展

360 安全卫士其他实用工具软件，如文件恢复、驱动大师等，具体使用说明如下：

步骤	说明或截图
1 "360 文件恢复"是个很实用的软件，它可以帮助用户从存储设备中恢复被删除的文件。	
2 "360 驱动大师"可对计算机的主板、显卡、网卡、声卡和摄像头等硬件进行检测并安装最新版本的驱动程序。	

 学习任务单

一、学习方法建议
观看微课→预操作练习→听课（老师讲解、示范、拓展）→再操作练习→完成学习任务单
二、学习任务
1. 安装最新版 360 安全卫士软件　　　　　　　　　☐ 2. 安装"360 免费 WiFi"程序　　　　　　　　　　☐ 3. 设置"360 免费 WiFi"程序　　　　　　　　　　☐ 4. 安装并使用"360 文件恢复"程序　　　　　　　☐ 5. 安装并使用"360 驱动大师"程序　　　　　　　☐
三、困惑与建议

任务六　家用无线路由器的配置

一、任务导入

搭建 WiFi 使用环境，让其覆盖指定的场合，能够无线上网，如图 8-8 所示。

图 8-8　无线网络连接状态

二、任务实施

步　　骤	说明或截图
❶ 设置计算机：根据路由器的管理或配置地址，设置计算机的 IP 地址，例如，当路由器的管理地址是："192.168.1.1"时，可将计算机的 IP 地址设置成 "192.168.1.X"（X 通常取 2～252 间的任何一个整数）。	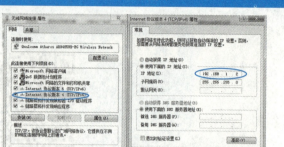
❷ 路由器与计算机连接：将网线一头插入路由器的 LAN 口，另一头插入计算机网线接口，加电启动。	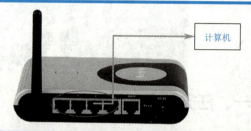
❸ 设置路由器：打开浏览器，在地址栏中输入"http://192.168.1.1"或"http://192.168.1.253"，在打开的对话框中输入管理路由器的用户名、密码，进入"设置向导"。 通常用四步完成基本设置： 选择上网方式（如 PPPoE）→设置上网参数（用户名、密码）→设置 LAN 地址→设置 DHCP 服务；接着设置无线网络；重新定义 SSID，加密的密码；重启路由器。	 
❹ 将计算机 IP 地址重新设成自动获取，将路由器的网线一头插入 WAN 口，另一头连接上一级网络端口，完成无线路由器配置。	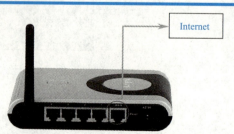

三、任务拓展

搜索周边的 WiFi 热点，以实现无线上网，具体操作步骤如下：

步　　骤	说明或截图
1　单击任务栏上的"网络"图标，在其中显示可供使用的无线网络连接信号（WiFi 热点）。	
2　单击信号强度较好的一个 WiFi 热点，出现"连接"按钮，单击此按钮，通常会出现"键入网络安全密钥"对话框。	
3　输入正确的密钥后，即可通过无线登录 Internet。	

学习任务单

一、学习方法建议
观看微课→预操作练习→听课（老师讲解、示范、拓展）→再操作练习→完成学习任务单
二、学习任务
1. 连接无线路由器与计算机　　　　　　　　　　　　　☐ 2. 按路由器配置地址，设置计算机 IP 地址　　　　　　☐ 3. 配置无线路由器并重启　　　　　　　　　　　　　☐ 4. 搜索 WiFi 热点并登录　　　　　　　　　　　　　　☐
三、困惑与建议

项目九 构建个人网络空间

 任务一 安装 QQ 及申请 QQ 号

项目九　构建个人网络空间

一、任务导入

QQ 是人们最常用的即时通信工具之一。同学们想必都用过吧。那么 QQ 这个软件是怎么安装的呢？QQ 账号是怎么申请的呢？

QQ 软件的登录界面如图 9-1 所示。

图 9-1　QQ 软件的登录界面

二、任务实施

步　　骤	说明或截图
1　打开 IE 浏览器，在地址栏中输入网址"http://www.qq.com"，回车。登录腾讯网首页，在此网页中下载 QQ 安装软件，进行在线安装。	
2　在下载完 QQ 安装软件之后，开始安装 QQ 软件。单击"立即安装"按钮，即开始安装。	
3　安装完成后，会出现 QQ 的登录界面。	

接下来，我们要申请一个 QQ 账号，才能正常使用 QQ 这个软件。

199

步　骤	说明或截图
1. 启动 QQ，在登录界面中单击"注册账号"按钮，可在腾讯公司的网页中申请免费的 QQ 号。	
2. 申请 QQ 号的过程：主要是填写密码等个人相关信息。申请成功后，就能得到一个腾讯公司分配的 QQ 号。	
3. 在登录界面中使用此 QQ 账号和密码，就可进行 QQ 软件的正常使用了。	

三、任务拓展

请同学们使用刚才所述的方法，在自己的计算机上安装 QQ 软件，并申请一个免费 QQ 账号，使用此账号登录 QQ，认真观察这个软件的界面。

 学习任务单

一、学习方法建议
观看微课→预操作练习→听课（老师讲解、示范、拓展）→再操作练习→完成学习任务单
二、学习任务
1. 登录腾讯网首页　　□ 2. 下载并安装 QQ 软件　□ 3. QQ 软件安装成功　　□ 4. 注册 QQ 账号　　　　□ 5. 使用新注册的账号登录 QQ　□
三、困惑与建议

项目九 构建个人网络空间

任务二 QQ 基本使用

一、任务导入

登录 QQ 后,我们该如何进行会话呢?会话的方式都有哪些呢?我们来体验一下 QQ 的会话功能吧。

二、任务实施

步 骤	说明或截图
① 添加好友。 添加好友的方法通常有两种: 一是接受因特网来自对方"添加好友"的请求。单击"同意"按钮,添加此好友;单击"忽略"按钮,则不添加其为好友。	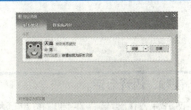
二是单击 QQ 面板下方的"查找"按钮。打开"查找"对话框。输入对方 QQ 账号,再单击"查找"、"添加好友"、"确定"按钮,完成添加对方为好友的请求,等待对方确认后,即可完成添加好友操作。	

201

步　　骤	说明或截图

② **发送信息和文件**。 　　双击好友的头像，会弹出一个与好友交流的对话窗口。窗口上方的空白区域则是用于显示接收和发送的信息。窗口下方的空白区域可以输入或粘贴文字、图片、文件等信息。操作完成后，单击"发送"按钮即可将信息发送出去。 　　小提示：特别是按 Ctrl+Alt+A 组合键可进行 QQ 的屏幕截图操作，非常实用。	
③ **接收信息和文件**。 　　好友向我发来的信息会显示在交流对话框上方的空白区域，如果我的 QQ 是在线的，可即时收到；如果当时不在线，那么以后登录 QQ 也会马上收到相关的信息及文件。	
④ **视频、语音会话**。 　　双击好友的头像，在弹出的对话框中，单击"开始视频会话"或"开始语音会话"按钮。即可开启请求对方接受视频/语音邀请对话框。一旦对方接受邀请，即可看到对方好友摄像头所传送过来的视频信号，并能听到对方麦克风所传送过来的语音信号。	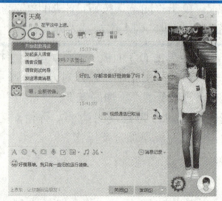

三、任务拓展

如果你的好友比较多,是不是可以考虑将这些好友分类编组呢?我们来进行分组操作吧。QQ还有很多功能,大胆地去偿试吧,你会发现很多有趣的用法。

学习任务单

一、学习指南
观看微课→预操作练习→听课(老师讲解、示范、拓展)→再操作练习→完成学习任务单
二、学习任务
1. 熟练添加好友　　　　　□ 2. 熟练发送信息和文件　　□ 3. 熟练接收信息和文件　　□ 4. 会使用视频、语音会话　□
三、困惑与建议

任务三　构建网络空间

一、任务导入

QQ 软件有很多的实用功能。我们来学习如何使用网络存储，如何发布个人信息这两项最常用的功能吧。

二、任务实施

步　　骤	说明或截图
1 **使用网络存储**。 　　QQ 提供了"中转站"网络存储功能来存放文件，只要我们能登录 QQ，就能随时使用这些文件，非常方便，甚至感觉比 U 盘还方便呢。 　　那么我们来建立网络存储吧。	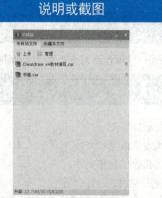
（1）将鼠标指向 QQ 功能面板右下方的"打开应用管理器"图标 并单击。打开"应用管理器"对话框。单击"中转站"图标，打开"中转站"对话框。	 

步　　骤	说明或截图

（2）我们可采用拖曳的方式，在网络硬盘的窗口中，进行文件的存取操作。也可单击窗口中的"上传"按钮，将本地文件上传到"中转站"中。选中"中转站"中的文件后，单击其右边的"下载"按钮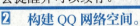，可将文件下载到本地磁盘中。 　　"中转站"默认的容量是 2GB，文件保存期限是 7 天，文件保存期限到时，系统会提醒并可以续存。	
❷ **构建 QQ 网络空间。** 　　既然已经拥有 QQ 账号，那赶紧开通 QQ 空间吧。	
（1）单击 QQ 功能面板上的"QQ 空间"按钮，打开 QQ 空间网页，单击页面中的"立即开通 QQ 空间"按钮，出现开通 QQ 空间新用户注册界面。	
（2）我们对自己的空间进行"选装扮、填资料"这两步操作，再单击"开通并进入我的 QQ 空间"按钮。QQ 网络空间就开通了！	

205

步　骤	说明或截图
（3）我们就可以在 QQ 空间里发表日志、上传相册、写心情、开通微博等操作了。 提示：QQ 空间里的内容一定要健康、有益，千万别有负面的内容哦。否则会承担相关责任的，你的账号还会被查封。	

三、任务拓展

去你的好友的空间看看，帮他们踩踩，添点人气吧。

 学习任务单

一、学习指南
观看微课→预操作练习→听课（老师讲解、示范、拓展）→再操作练习→完成学习任务单
二、学习任务
1. 打开 QQ "中转站"　　　　　　　　□ 2. 上传文件到 QQ "中转站"　　　　　□ 3. 从 QQ "中转站" 下载文件　　　　　□ 4. 打开自己的 QQ 空间网页　　　　　□ 5. 打开好友的 QQ 空间网页　　　　　□
三、困惑与建议

项目九 构建个人网络空间

任务四 管理与维护网络空间（一）

观看本任务微课视频
扫一扫二维码

一、任务导入

开通了QQ网络空间，我们就在Internet上安了一个"家"，如何装扮，充实这个家呢？我们先来看看如何装扮这个家吧。

二、任务实施

步　骤	说明或截图
1 装扮QQ空间。 　　单击QQ功能面板上的"QQ空间"按钮 ⭐，打开"QQ空间"页面。再单击"装扮"按钮 👕 装扮 ▼，出现若干个QQ空间的主题模板，选择其中之一，再单击"保存"按钮，完成QQ空间的装扮设计。	 

207

步　　骤	说明或截图
❷ 设置 QQ 空间。 　　单击 QQ 空间页面中的 "设置" 按钮 ✿，打开 QQ 空间设置页面。在其中可以对空间名称、访问、个人中心模板、个人档（如头像）等进行设置。 　　设置完成后可单击 "保存" 按钮，返回 QQ 空间个人中心主页。 　　装扮这个家非常简单。	 

三、任务拓展

你希望自己的 QQ 空间是怎样的呢？装扮出一个体现你个性的空间吧。

 学习任务单

一、学习指南
观看微课→预操作练习→听课（老师讲解、示范、拓展）→再操作练习→完成学习任务单
二、学习任务
1. 装扮 "QQ 空间"　　☐ 2. 设置 "QQ 空间"　　☐
三、困惑与建议

项目九　构建个人网络空间

任务五　管理与维护网络空间（二）

观看本任务微课视频
扫一扫二维码

一、任务导入

如何在QQ空间里发表文章呢？那就是写QQ日志了。
如何与朋友分享生活的快乐呢？上传你的照片吧。

二、任务实施

步　骤	说明或截图
1　发表日志。 （1）在QQ空间里，单击页面导航栏上的"日志"按钮，进入日志页面。	

209

步　骤	说明或截图
（2）再单击"T 写日志"按钮 ![写日志]，即可使用 HTML 编辑器撰写和发表个人日志。 　　在线 HTML 编辑器的用法与常用的 Word 功能类似，非常简单，很容易上手。	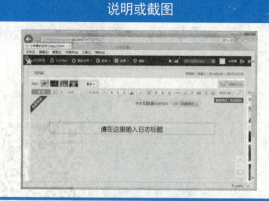
（3）在浏览好友日志时，如果觉得写得很好，你也可以将其转载到自己的 QQ 空间里来。只要单击好友日志上方的"转载"按钮 ![转载]即可。	
2 上传相册。 　　（1）在 QQ 空间里，单击页面导航栏上的"相册"按钮，进入相册页面。再单击"上传照片"按钮 ![上传照片]，进入"上传照片"页面。	
（2）单击"选择照片"按钮 ![选择照片]，选择需要上传的照片文件。此时可批量向相册中添加照片，最后单击"开始上传"按钮 ![开始上传]，即可在空间建立相册。 　　提示：刚开始时相册的容量仅为 1GB，一旦超过最大容量，照片将无法添加。	

三、任务拓展

如果你有写日记的良好习惯,就不妨在 QQ 空间里写点吧。将自己的感受与好友共享。你也可以到别人空间里去看看别人的日志,如果你觉得哪篇写得好,就转载到自己的空间里来吧。

看看你手机里是否有靓照呢,上传些照片,与好友分享吧。

学习任务单

一、学习指南
观看微课→预操作练习→听课(老师讲解、示范、拓展)→再操作练习→完成学习任务单
二、学习任务
1. 在"QQ 空间"里发布一篇日记。　　☐ 2. 从好友处转载一篇日记到自己的"QQ 空间"里。　　☐ 3. 上传图片文件到自己的"QQ 相册"里。　　☐
三、困惑与建议

任务六　管理与维护网络空间(三)

观看本任务微课视频
扫一扫二维码

一、任务导入

微博可以让 QQ 用户通过手机、网络等方式来即时发布自己的个人信息。这些信息有字数要求：一次发布信息的字数不超过 140 个字。微博的出现，让每一个"小我"都有了一个方便展示自己的舞台，引领了大量用户原创内容的爆发式增长。

开通腾讯微博的具体步骤如下。

二、任务实施

步　骤	说明或截图
1　单击 QQ 主功能面板上的"腾讯微博"按钮，进入微博开通页面，在对话框中输入微博账号、姓名，再单击"立即开通"按钮即可。	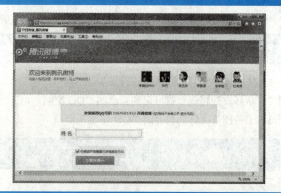
2　在微博开通的页面上，找到感兴趣的人，再单击"收听他们，下一步"按钮，收听微博。	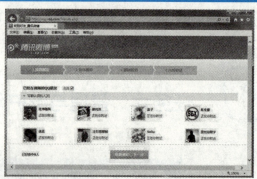
3　进行个人设置，主要完成微博与 QQ 的同步设置及隐私设置，再单击"保存，下一步"按钮，完成"个人身份验证"的最终设置，并自动进入个人微博的首页。	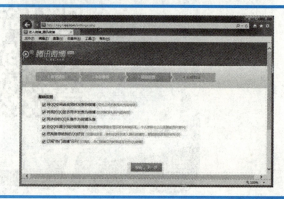

项目九　构建个人网络空间

步　　骤	说明或截图
	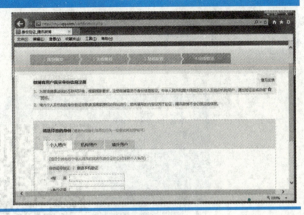

三、任务拓展

开通自己的微博吧。

 学习任务单

一、学习指南
观看微课→预操作练习→听课（老师讲解、示范、拓展）→再操作练习→完成学习任务单
二、学习任务
1. 开通自己的微博　　　□ 2. 设置微博　　　　　　□ 3. 收听他人的微博　　　□
三、困惑与建议

213

任务七 QQ 的新功能

观看本任务微课视频
扫一扫二维码

一、任务导入

随着 QQ 软件的不断升级更新，新功能纷纷涌现。我们通过下面的两项功能来了解 QQ 的魅力吧。

二、任务实施

步　骤	说明或截图

1 微云。

在 QQ2013 之前的版本中，网络硬盘中转站文件只能保存 30 天，网络硬盘收藏夹文件也只有几十 MB……在 QQ2013 以后的版本中，网络硬盘收藏夹文件已升级到微云，非会员的容量达 2GB，且云存储是无限期的。这样就极大地方便了用户文件的存储及使用。

可在 QQ 的"应用管理器"中单击"微云"图标 来打开它。

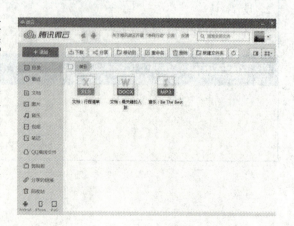

项目九　构建个人网络空间

步　　骤	说明或截图
2 通讯录。 　　QQ 的"通讯录"程序是 QQ 和手机之间的同步助手,可方便手机通讯录和短信的导入、导出及查询。即便是更换手机,也可通过 QQ 方便地实现一键转移通讯录。 　　可在 QQ 的"应用管理器"中单击"通讯录"图标 ■ 来打开它。	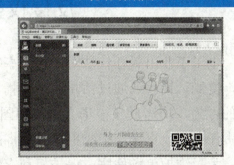
3 小结。 　　随着网络技术迅速而广泛的应用,越来越深深地改变人们生活、学习、工作的方式,网络也已经成为人们生活的一部分了。本项目详细介绍了现在推行非常广泛的一款即时通信工具 QQ 软件,同时也介绍了管理和维护 QQ 空间及开通腾讯微博的方法,大家能够迅速掌握利用 QQ 与其他好友进行文字、图形图像、音视频等随心所欲地交流。	

三、任务拓展

通常本项目的学习,培养自己的自学能力,去试试看,你还能使用 QQ 的哪些功能呢?

　学习任务单

一、学习指南
观看微课→预操作练习→听课(老师讲解、示范、拓展)→再操作练习→完成学习任务单
二、学习任务
1. 能正确使用微云　　　　　　□ 2. 能正确使用通讯录　　　　　□ 3. 能自主学习使用 QQ 更多的功能　□
三、困惑与建议

反侵权盗版声明

电子工业出版社依法对本作品享有专有出版权。任何未经权利人书面许可,复制、销售或通过信息网络传播本作品的行为;歪曲、篡改、剽窃本作品的行为,均违反《中华人民共和国著作权法》,其行为人应承担相应的民事责任和行政责任,构成犯罪的,将被依法追究刑事责任。

为了维护市场秩序,保护权利人的合法权益,我社将依法查处和打击侵权盗版的单位和个人。欢迎社会各界人士积极举报侵权盗版行为,本社将奖励举报有功人员,并保证举报人的信息不被泄露。

举报电话:(010)88254396;(010)88258888
传　　真:(010)88254397
E-mail:　dbqq@phei.com.cn
通信地址:北京市万寿路 173 信箱
　　　　　电子工业出版社总编办公室
邮　　编:100036